21 世纪高等职业教育计算机技术规划教材

21 ShiJi GaoDeng ZhiYe JiaoYu JiSuanJi JiShu GuiHua JiaoCai

计算机素质教育

JISUANJI SUZHIJIAOYU

李宏亮　常振中　主编

汪亮　周珩　副主编

金红旭　刘璇　梁红颖　参编

人民邮电出版社

北　京

图书在版编目（CIP）数据

计算机素质教育 / 李宏亮，常振中主编. -- 北京：
人民邮电出版社，2014.9（2015.1重印）
21世纪高等职业教育计算机技术规划教材
ISBN 978-7-115-36812-6

Ⅰ. ①计… Ⅱ. ①李… ②常… Ⅲ. ①电子计算机－
高等职业教育－教材 Ⅳ. ①TP3

中国版本图书馆CIP数据核字(2014)第191733号

内 容 提 要

本书主要内容包括计算机的组装、MS Offfice 2003 组件的使用、家庭局域网的组建、Internet
网络应用等，符合企事业单位岗位实际需求，同时又直接体现最新的教学改革成果。

本书内容由浅入深、循序渐进、重点突出、图文并茂，注重基础知识与实际应用相结合，主要
针对使用计算机的初、中级用户编写，适合作为高职高专教材，也可作为办公自动化人员的自学教
程以及各种计算机培训班、辅导班的教材。

◆ 主　　编　李宏亮　常振中
　　副主编　汪　亮　周　珩
　　参　　编　金红旭　刘　璇　梁红颖
　　责任编辑　马小霞
　　执行编辑　王志广
　　责任印制　张佳莹　杨林杰

◆ 人民邮电出版社出版发行　　北京市丰台区成寿寺路 11 号
　　邮编　100164　　电子邮件　315@ptpress.com.cn
　　网址　http://www.ptpress.com.cn
　　大厂聚鑫印刷有限责任公司印刷

◆ 开本：787×1092　1/16
　　印张：11.25　　　　　　　　2014 年 9 月第 1 版
　　字数：290 千字　　　　　　2015 年 1 月河北第 2 次印刷

定价：26.00 元

读者服务热线：(010)81055256　印装质量热线：(010)81055316
反盗版热线：(010)81055315

《中共中央、国务院关于深化教育改革全面推进素质教育的决定》中指出："高等教育要重视培养学生的创新能力、实践能力和创业精神，普遍提高大学生的人文素质和科学素质。"从这里不难看出高等教育的终极目标就是培养高素质的、对社会有用的人。计算机操作水平作为学生综合素质水平的一个重要组成部分，在提升学生整体水平和就业竞争力上发挥着重要的作用。

为提升职业院校学生的计算机操作水平，我们结合自己多年的教学探索与实践，以定性或定量分解的方式对"计算机应用基础"课程的教学内容进行了系统化、模块化设计，并针对各办公软件应用模块的内容编写了与专业要求配套的《计算机素质教育》课后自学、练习指导教材。本书主要从课外活动课程的角度对《计算机应用基础》中办公软件应用模块内容进行了重新规划和整合。内容包括文字录入、文件管理、Word 文档操作、Excel 电子表格和幻灯片（PPT）制作的训练标准及样例。本书的使用方法：主要由任课教师在课堂上完成相关内容的讲授，要求学生利用业余时间自主提升各模块相关知识的应用能力，并参加课程辅导和相关测试。通过这种课内课外相结合的学习方式，在校园内营造积极乐学的学习氛围，让每一个学生都意识到学习计算机的重要性和实用性，并积极参与进来，最终达到提升学生计算机操作水平的目的。

本书具有如下特点：

1. 面向实际需求案例，注重应用能力培养。

2. 以案例为主线，构建完整的教学设计布局。

3. 提供丰富的教学资源，便于教师备课和学生自学。

本书由辽宁现代服务职业技术学院李宏亮、常振中主编，全书由辽宁现代服务职业技术学院软件技术专业教研室教师共同编写完成。

限于编写水平，书中难免存在错误和不妥之处，敬请广大读者批评指正。

编　者
2014 年 6 月

CONTENTS

目录

项目一 轻松驾驭计算机

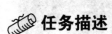

任务一 认识计算机

任务描述

电子计算机的诞生是科学技术发展史上一个重要的里程碑,也是 20 世纪人类最伟大的发明创造之一。短短半个世纪的发展历程表明,信息处理是当今世界上发展最快和应用最广的科学技术领域之一。今天,计算机已进入各行各业和千家万户,产生了巨大的社会效益和经济效益。本任务讲述计算机的发展过程,让大家全面认识电子计算机的相关知识,为进一步掌握计算机应用打下基础。

任务展示

(1)了解计算机发展简史和我国计算机发展过程中的重大事件。

(2)认识计算机的分类和特点。

(3)了解计算机系统的组成,了解计算机的工作原理,掌握计算机软件和硬件的概念,认识计算机的硬件设备。

(4)了解二进制对计算机的重要性,掌握计算机信息的存储单位。

(5)掌握二进制与十进制、十六进制的相互转换方法。

(6)能正确开机、关机。

(7)掌握 Windows XP 基本操作。

相关知识

1. 电子计算机发展简史

电子计算机因快速计算的需要而诞生。作为信息技术的基础——电子计算机是 20 世纪科学技术最卓越的成就之一。信息技术的应用程度,已成为一个国家现代化的标志之一。

计算机是一种能快速、高效地完成信息处理的数字化电子设备,它能按照人们编写的程序对数据进行加工处理。

第一台电子计算机叫做"埃尼阿克"(ENIAC)(见图 1-1),它于 1946 年 2 月 15 日在美国宾夕法尼亚大学宣告诞生。承担开发任务的"莫尔小组"由 4 位科学家和工程师埃克特、莫克利、戈尔斯坦和博克斯组成,总工程师埃克特当时只有 24 岁。这台计算机研制的初衷是将其用于第二次世界大战中,但直到第二次世界大战结束一年后才完成。它长 30.48m,宽 1m,占地面积为 70m²,有 30 个操作台,约相当于 10 个普通房间的大小,重达 30t,耗电量为 150kW,造价是 48 万美元。"埃尼阿克"使用 18000 个电子管、70000 个电阻、10000 个电容、1500 个继电器和 6000 多个开关，每秒执行 5000 次加法或 400 次乘法运算，是继电器计算机的 1000 倍、手工计算的 20 万倍。

ENIAC（电子数值积分计算机）的问世，标志着人类社会从此迈进了计算机时代的门槛。

从 1946 年至今，电子计算机的发展经历了 4 代。计算机的发展史，是根据核心部件（处理器）采用的电子元件类别来划分的。

第 1 代：电子管计算机（1947—1957）。

这一时期主要采用电子管作为基本器件，研制为军事与国防尖端技术服务的计算机，有关的研究工作为计算机技术的发展奠定了基础（见图 1-2、图 1-3）。

图 1-1　ENIAC（埃尼阿克）计算机　　　图 1-2　电子管　　　图 1-3　电子管计算机

第 2 代：晶体管计算机（1958—1964）。

这一时期的电子计算机主要采用晶体管作为基本器件，因而缩小了体积，降低了功耗，提高了速度和可靠性，价格也不断下降。计算机的应用范围已不仅局限在军事与尖端技术上，而且逐步扩大到气象、工程设计、数据处理及其他科学研究领域（见图 1-4）。

第 3 代：集成电路计算机（1964—1974）。

这一时期的计算机采用集成电路作为核心部件。集成电路是将成百上千个晶体管集成到 1 块芯片上，电路板体积缩小，功能增强，运算速度加快。采用集成电路设计出的计算机，其运算速度达到百万次每秒。

图 1-4　晶体管计算机

这一时期的集成电路属于中小规模集成电路，1 块芯片集成的晶体管数目为 $10^3 \sim 10^5$ 个。

第 4 代：大规模集成电路计算机（1974 至今）。

20 世纪 70 年代初，半导体存储器问世，迅速取代了磁芯存储器，并不断向大容量、高速度发展。这以后半导体集成度大体上每 3 年翻两番。例如，1971 年每片集成 1000 个晶体管，到 1984 年达到每片集成 30 万个晶体管，计算机的价格则平均每年下降 30%。

第 4 代计算机的核心部件是大规模集成电路，1 块 P4 CPU 芯片集成的晶体管有 5000 万～1 亿个，中央处理器的工作频率达到 30 亿次每秒。

从计算机诞生以来的 60 年中，组成计算机的核心电子器件，经历了由电子管到晶体管，由中小规模集成电路到超大规模集成电路的变化。CPU 芯片的集成度越来越高，使计算机成本不断下降、体积不断缩小、功能不断增强，特别是微型计算机的出现和发展，是计算机能普及的主要原因。

2. 我国计算机发展史中的里程碑事件

依靠自力更生精神，我国的计算机事业用 50 年时间，进入了世界少数能研制巨型机的国家行列。

1983 年，由国防科技大学计算机研究所研制的我国第一台巨型机"银河 I 型"，运行速度为 1 亿次每秒。

1993 年，银河 II 号巨型机研制成功，运行速度为 10 亿次每秒。

1995 年，由中科院计算技术研究所研制的"曙光 1000 型"大型机通过鉴定，运算速度最高达到 25 亿次每秒。

2002 年，我国第一块有自主知识产权的微处理器（CPU）芯片"龙芯 1 号"问世，如图 1-5 所示。同年，研制出速度达万亿次每秒的超级服务器机组。

2003 年，"联想深腾 6800"超级计算机以 4.183 万亿次每秒的峰值运算速度，居全球超级计算机 500 强的第 14 位。

2005 年 4 月，64 位 CPU "龙芯 2 号"研制成功。

2008 年 11 月，"曙光 5000A"大型机通过鉴定，运算速度最高达到 230 亿次每秒。

2010 年 10 月，由国防科技大学研制的"天河一号 A"，如图 1-6 所示。其性能高达 2507 万亿次每秒，而且已经成为 2010 年度全球速度最快的超级计算机。

图 1-5　龙芯 1 号 CPU

图 1-6　国产"天河一号 A"超级计算机

3. 计算机的分类

（1）按性能分类。

- 巨型机：超高速、超大容量，主要用于尖端科学技术和国防，如天体运动、卫星发射、核爆炸模拟等。
- 大型机：高速、大容量，用于重要科研和大型企业生产控制管理、天气分析预报。
- 小型机：CPU 速度、存储器容量等优于微型机，适用于大型图书馆资料的存储、检索。
- 微型计算机：又称个人计算机，即 PC（Personal Computer）。微型机分为台式机和笔记本计算机，台式机就是指放在桌面上的计算机。

按性能分类，具有时间上的相对性。现在 1 台微型计算机的运算速度，比 20 年前的巨型机还快。也就是说，巨型机和微型机的区别，只能在同一时期，才有可比性。

（2）按用途分类。

- 通用计算机：是指各行业、各种工作环境都能使用的计算机，学校、家庭、工厂、医院、公司等用户都能使用的就是通用计算机；平时我们购买的品牌机、兼容机都是通用计算机。通用计算机不但能办公，还能用于图形设计、制作网页动画、上网查询资料等。
- 专用计算机：只能完成某些特定功能，如超市的收银机、数控机床上进行自动控制的单片机、飞机上的自动驾驶仪等都属于专用计算机。

（3）按信息在计算机内的表示方式分类。

- 数字计算机：信息用"0"和"1"二进制形式（不连续的数字量）表示的计算机。数字计算机运算精度高，便于储存大量信息，通用性强。常说的计算机，就是指数字计算机。
- 模拟计算机：信息用连续变化的模拟量——电压来表示的计算机。模拟计算机运算速度极快，但精度不高，信息不易存储，通用性不强，主要用于工业行动控制中的参数模拟。

4．认识计算机的特点

（1）运算速度快。

1946 年 ENIAC（埃尼阿克）的速度是 5000 次每秒，相当于人工计算速度的 20 万倍。

1995 年，我国曙光 1000 型大型计算机，运算速度为 25 亿次每秒，比埃尼阿克提高了 50 万倍。

在没有计算机之前，用人工计算圆周率 π 的值，用了 15 年，才算到 π 的第 707 位，20 世纪 60 年代用 1 台电子管计算机，仅用 8 小时，就算到了 π 的第 10 万位。过去人工计算需要几年时间，现在计算机只需几小时，甚至几分钟就能完成。

（2）存储容量大。

计算机保存信息的能力，主要由外部存储器的容量决定。1 张容量为 1.44MB 的软盘，理论上能保存约 70 万个汉字，相当于 1 本 500 页的长篇小说；1 张容量为 650MB 的普通光盘，相当于 450 张软盘的容量；1 块容量为 80GB 的硬盘，相当于 120 张光盘的容量。

1 块容量为 80GB 的硬盘，能保存 60 万人口的基本信息。目前，微型计算机中，单块硬盘的容量已达到 1TB（1TB = 1000GB）以上，可见，计算机储存信息的能力十分强大。

（3）具有逻辑判断能力。

计算机不仅能进行加、减、乘、除等算术运算，还能进行对与错、真与假的逻辑判断，在事先存入的程序控制之下，能根据前面的计算和判断结果，自动决定下一步的工作步骤，快速完成大量的复杂判断。计算机的这一特点，使它在自动控制、人工智能、决策研究等领域大显身手。

（4）通用性强。

计算机不仅能对文字进行编排，还能对图形进行加工；不仅能用于办公，还能用于自动控制；不仅能用于教学，还能用于政务处理；不仅能用于尖端科研，还能用于普通事务管理。

5．计算机的应用

计算机的应用已渗透到社会的各个领域，正在改变着人们的工作、学习和生活方式，推动着社会的发展。归纳起来，计算机的应用可分为以下几个方面。

（1）科学计算（数值计算）。

科学计算也称数值计算。计算机最开始是为解决科学研究和工程设计中遇到的大量数学问题的数值计算而研制的计算工具。随着现代科学技术的进一步发展，数值计算在现代科学研究中的地位不断提高，在尖端科学领域中，显得尤为重要。例如，人造卫星轨迹的计算，房屋抗震强度的计算，火箭、宇宙飞船的研究设计都离不开计算机的精确计算。在工业、农业以及人类社会的各个领域中，计算机的应用都取得了许多重大的突破，就连我们每天收听、收看的天气预报都离不开计算机的科学计算。

（2）数据处理（信息处理）。

在科学研究和工程技术中，会得到大量的原始数据，其中包括大量图片、文字、声音等信息。处理就是对数据进行收集、分类、排序、存储、计算、传输、制表等操作。目前计算机的信息处理应用已非常普遍，如人事管理、库存管理、财务管理、图书资料管理、商业数据交流、情报检索、经济管理等。信息处理已成为当代计算机的主要任务，是现代化管理的基础。据统计，全世界计算机用于数据处理的工作量占全部计算机应用的 80% 以上，用计算机进行数据处理，大大提高了工作效率和管理水平。

（3）自动控制。

自动控制是指通过计算机对某一过程进行自动操作，它不需人工干预，能按人预定的目标和预定的状态进行过程控制。

（4）计算机辅助设计和辅助教学。

计算机辅助设计（Computer Aided Design，CAD）是指借助计算机的帮助，人们可以自动或半自动地完成各类工程设计工作。目前 CAD 技术已应用于飞机设计、船舶设计、建筑设计、机械设计、大规模集成电路设计等领域。

（5）人工智能方面的研究和应用。

人工智能（Artificial Inteligence，AI）。是指计算机模拟人类某些智力行为的理论、技术和应用。

（6）多媒体技术应用。

随着电子技术特别是通信技术和计算机技术的发展，人们已经有能力把文本、音频、视频、动画、图形和图像等各种媒体综合起来，构成一种全新的概念——"多媒体"（Mulimedia）。在医疗、教育、商业、银行、保险、行政管理、军事、工业、广播和出版等领域中，多媒体的应用发展很快。

6. 了解计算机的基本组成

计算机有这么多神奇的应用，它的组成是怎样的呢？

一个完整的计算机系统是由相互独立而又密切相连的硬件系统和软件系统两大部分组成，计算机系统的组成结构如图 1-7 所示。

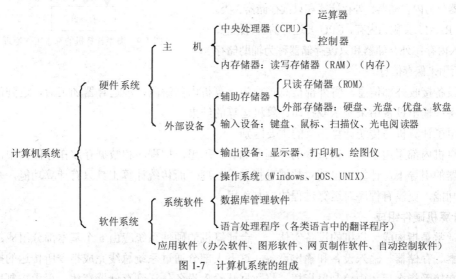

图 1-7　计算机系统的组成

- 硬件系统：是由电子部件和机械部件构成的机器实体。按计算机运行原理，计算机的基本硬件系统由运算器、控制器、存储器、输入设备、输出设备五大部分组成。
- 软件系统：是指挥计算机工作的各类软件的总称。

图 1-8　微型计算机外观

从计算机实体外观看，硬件系统主要由机箱、显示器、键盘、鼠标组成，如图 1-8 所示。在机箱内，构成主机的是 CPU、内存和主板。硬盘、光驱以及机箱外的显示器、键盘属于外部设备。

7．计算机的工作原理

（1）冯·诺依曼原理要点。

1946 年，美籍匈亚利数学家冯·诺依曼提出了现代计算机的体系结构，并与 ENIAC 攻关小组共同研制了 ENIAC 的改进型计算机。在这台计算机中确立了计算机的 5 个基本部件：运算器、控制器、存储器、输入设备和输出设备；程序和数据存放在存储器中，在计算机内部采用二进制。

冯·诺依曼提出的计算机结构原理，迄今仍为各类计算机共同遵循。冯·诺依曼原理也称为程序存储和程序控制原理，其基本要点表现在 3 个方面。

① 计算机基本硬件系统由运算器、控制器、存储器、输入设备和输出设备五大部分组成。

② 计算机内的数据编码方式采用二进制。

③ 数据和程序存储在计算机中，计算机在程序的控制下自动工作。

（2）基本原理框图。

计算机的基本工作原理框图如图 1-9 所示。

运算器和控制器组成中央处理器（也称为 CPU 或微处理器），其主要功能都集成在一个超大规模集成电路上。它是计算机的核心部件，主要进行算术运算、逻辑运算以及控制和指挥其他部件协调工作。

存储器用于存放程序和数据，是计算机各种信息的存储和交流中心。

存储器分为内存储器、外存储器和只读存储器 3 类。内存储器（RAM）又称为内存，CPU 要运行的所有信息，必须先调入内存；外存储器和只读存储器称为辅助存储器，关机后用来保存信息。

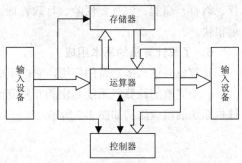

图 1-9　微型计算机的基本工作原理

输入设备接收外部信息，将外部信息转换为计算机内部编码，经运算器加工后，送到储存器或输出设备；输出设备用来显示或打印计算机运算的结果。

（3）电子计算机与传统计算工具的主要区别。

在计算机内部采用了冯·诺依曼的"程序储存"思想，把程序和数据存放在存储器中，在程序和控制器的引导下，计算机自动对数据进行加工处理。而传统计算工具只有计算功能，基本上没有存储功能，更没有程序对运算过程的控制作用。

8．计算机硬件组成

硬件通常是指构成计算机的设备实体。一台计算机的硬件系统应由 5 个基本部分组成：运算器、控制器、存储器、输入设备和输出设备。这五大部分通过系统总线完成指令所传达的操作，当计算机在接受指令后，由控制器指挥，将数据从输入设备传送到存储器存放，再由控制器将需要参加运算的数据传送到运算器，由运算器进行处理，处理后的结果由输出设备输出。

（1）中央处理器。

CPU（Central Processing Unit）为中央处理单元，又称为中央处理器。CPU 由控制器、运算器和寄存器组成，通常集成在一块芯片上，是计算机系统的核心设备，如图 1-10 所示。计算机以 CPU 为中心，输入和输出设备与存储器之间的数据传输和

图 1-10　Intel CPU

处理都通过 CPU 来控制执行。微型计算机的中央处理器又称为微处理器。

① 控制器。

控制器是对输入的指令进行分析，并统一控制计算机的各个部件完成一定任务的部件。它一般由指令寄存器、状态寄存器、指令译码器、时序电路和控制电路组成。计算机的工作方式是执行程序，程序就是为完成某一任务所编制的特定指令序列，各种指令操作按一定的时间关系有序安排，控制器产生各种最基本的不可再分的微操作的命令信号，即微命令，以指挥整个计算机有条不紊地工作。当计算机执行程序时，控制器首先从指令指针寄存器中取得指令的地址，并将下一条指令的地址存入指令寄存器中，然后从存储器中取出指令，由指令译码器对指令进行译码后产生控制信号，用以驱动相应的硬件完成指令操作。简言之，控制器就是协调指挥计算机各部件工作的元件，它的基本任务就是根据各类指令的需要综合有关的逻辑条件与时间条件产生相应的微命令。

② 运算器。

运算器又称算术逻辑单元（Arithmetic Logic Unit，ALU）。运算器的主要任务是执行各种算术运算和逻辑运算。算术运算是指各种数值运算，如加、减、乘、除等。逻辑运算是进行逻辑判断的非数值运算，如与、或、非、比较、移位等。计算机所完成的全部运算都是在运算器中进行的，根据指令所规定的寻址方式，运算器从存储器或寄存器中取得操作数，进行计算后，送回到指令所指定的寄存器中。运算器的核心部件是加法器和若干寄存器，加法器用于运算，寄存器用于存储参加运算的各种数据以及运算后的结果。各种算术运算操作可归结为相加和移位，运算器以加法器为核心。

（2）存储器。

存储器分为内存储器（简称内存或主存）和外存储器（简称外存或辅存）。外存储器一般也可作为输入/输出设备。

描述内、外存存储容量的常用单位如下。

- 位/比特（bit）：这是内存中最小的单位，二进制数序列中的一个 0 或一个 1 就是一比特，在计算机中，一比特对应着一个晶体管。
- 字节（B、Byte）：这是计算机中最常用、最基本的内存单位。一字节等于 8 比特，即 1B = 8bit。
- 千字节（KB、KiloByte）：计算机的内存容量都很大，一般都是以千字节作为单位来表示，1KB = 1024Byte。
- 兆字节（MB、MegaByte）：20 世纪 90 年代流行计算机的硬盘和内存等一般都是以兆字节（MB）为单位，1MB = 1024KB。
- 吉字节（GB、GigaByte）：目前市场流行的计算机的硬盘已经达到 250GB、500GB 等规格，1GB = 1024MB。
- 太字节（TB、TeraByte）：1TB = 1024GB。

① 内存储器。

计算机把要执行的程序和数据存放在内存中，内存一般由半导体器件构成。半导体存储器可分为三大类：随机存储器、只读存储器和特殊存储器。

随机存取存储器（Random Access Memory，RAM）的特点是可以读写，存取任一单元所需的时间相同，通电时存储器内的内容可以保持；断电后，存储的内容立即消失。RAM 可分为动态（Dynamic RAM）和静态（Static RAM）两大类。所谓动态随机存储器 DRAM，是用 MOS 电路和电容来作为存储元件的，由于电容会放电，所以需要定时充电以维持存储内容的正确，例如，每隔 2ms 刷新一次，因此称之为动态存储器。所谓静态随机存储器 SRAM，是用双极型电路或 MOS 电路的触发器来作为存储元件的，它没有电容放电造成的刷新问题，只要有电源正常供电，触发器就能稳定地存储数据。DRAM 的特点是集成密度高，主要用于大容量存储器，SRAM 的特点是存取速度快，主要用于高速缓冲存储器。计算机上使用的动态随机存取存储器被制作成内存条的形式出现，内存条需要插在主板的内存插槽上。图 1-11 所示为内存条。目前计算机中常用的 RAM 为 2048MB。

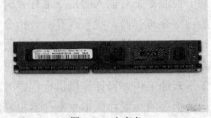

图 1-11　内存条

只读存储器（Read Only Memory，ROM）只能读出原有的内容，不能由用户再写入新内容。只读存储器中存储的内容是由厂家一次性写入的，并永久保存下来。只读存储器可分为可编程只读存储器（Programmable ROM，PROM）、可擦除可编程只读存储器（Erasable Programmable ROM，EPROM）、电擦除可编程只读存储器（Electricaly Erasable Programmable ROM，E^2PROM）。例如，EPROM 存储的内容可以通过紫外光照射来擦除，这使它的内容可以反复更改。

特殊固态存储器。特殊固态存储器包括电荷耦合存储器、磁泡存储器、电子束存储器等，它们多用于特殊领域的信息存储。

② 外存储器。

外存储器简称外存（也叫辅助存储器），主要用来长期存放"暂时不用"的程序和数据。通常外存只与内存进行数据交换。常用的外存有磁盘、光盘、优盘等。磁盘又包括软盘、硬盘、U 盘，如图 1-12 所示。

图 1-12　硬盘与 U 盘

软盘是用柔软的聚酯材料制成圆形底片，在表面涂有磁性材料，被封装在护套内。其特点是：装卸容易，携带方便，但容量小，存取速度慢，盘片在保存中也容易受损。软盘的主要技术指标：软磁盘一般为 3.5 英寸软盘，容量为 1.44MB，数据传输速率为 3KB/s。现在传统的 3.5 英寸软盘已发展改良到 ZIP 盘，一张 ZIP 盘的容量可达到 100MB，存取速度是软盘的 20 倍。另一种称为"超级软盘"的磁盘具有 120MB 或 250MB 的容量，超级软盘驱动器还可以读取现行的 1.44MB 软盘，而 ZIP 盘的驱动器则不能。

硬盘是由涂有磁性材料的铝合金构成的。硬盘的读取速度较快。一个硬盘由若干磁性圆盘组成，每个圆盘有 2 个面，每个面各有 1 个读写磁头。不同规格的硬盘面数不一定相同。读写硬盘时，由于磁性圆盘高速旋转产生的托力使磁头悬浮在盘面上而不接触盘面。硬盘的特点是：容量巨大，数据读写速度快。它一般固定在计算机的主机箱内，装卸麻烦。

　　硬盘的主要技术指标：目前出售的硬盘容量一般为 80GB～500GB。硬盘的数据传输速率因传输模式不同而不同，通常在 3.3MB/s～40MB/s。

　　光盘存储器是 20 世纪 90 年代中期开始广泛使用的外存储器，它采用与激光唱片相同的技术，将激光束聚焦成约 1μm 的光斑，在盘面上读写数据。写数据时用激光在盘面上烧蚀出一个个的凹坑来记录数据；读数据时则以激光扫描盘面是否是凹坑来实现，光盘存储器的数据密度很高。目前使用的大多是只读光盘存储器（Compact Disk Read-Only Memory，CD-ROM），容量可达 650MB，其中的信息已经在制造时写入。光盘的特点是：数据容量大，装卸、携带方便，易于长期保存，成本低。

　　除 CD-ROM 外，市面上可读写的光盘或一次性写入的光盘、可重复写入的光盘等也已经逐渐流行起来。另外，新一代的光盘——数字视盘存储器（Digital Video Disk Read-Only Memory，DVD-ROM）也逐渐成为 PC 的常用配置，它的大小与 CD-ROM 一样，但仅单面单层的数据容量就可达 4.7GB，双面双层的最高容量可达 17.8GB。

　　U 盘也即闪存盘，闪存盘是一种采用 USB 接口的无需物理驱动器的微型高容量移动存储产品，它采用的存储介质为闪存（Flash Memory）。闪存盘不需要额外的驱动器，将驱动器及存储介质合二为一，只要接上计算机的 USB 接口就可独立地存储读写数据。闪存盘体积很小，仅大拇指般大小，重量极轻，约为 20 克，特别适合随身携带。闪存盘中无任何机械式装置，抗震性能极强。另外，U 盘还具有防潮防磁，耐高低温（–40℃～70℃）等特性，安全可靠性很好。U 盘已经彻底取代软盘，成为移动存储的首选。

　　目前闪存盘的容量有 1GB、2GB、4GB、8GB、16GB 等，理论上可以做得更大，接口标准有早期的 USB1.1，传输速率为 12Mbit/s，目前流行的 USB2.0，传输速率达到了 480Mbit/s，最新提标准为 USB3.0，连接速度达 5Gbit/s，是现有 USB 2.0 的 10 倍多，目前已经开始使用。

　　（3）主板。

　　主板（Main Board，M/B），如图 1-13 所示，是安装在微型计算机主机箱中的印刷电路板，是连接 CPU、内存储器、外存储器、各种适配卡、外部设备的中心枢纽。主板上布满了各种电子元件、插槽、接口等（如图 1-13 所示）。它为 CPU、内存和各种功能（声、图、通信、网络、TV、SCSI 等）卡提供安装插座（槽）；为各种磁、光存储设备，打印和扫描等 I/O 设备以及数码相机、摄像头、"猫"（Modem）等多媒体和通信设备提供接口，实际上计算机通过主板将 CPU 等各种器件和外部设备有机地结合起来形成一套完整的系统。计算机在正常运行时对系统内存、存储设备和其他 I/O 设备

图 1-13　主板

的操控都必须通过主板来完成，因此，计算机的整体运行速度和稳定性在相当程度上取决于主板的性能。

　　主板按结构标准分为 ATX、Micro-ATX、Baby-AT 和 NLX 4 种。

- Baby-AT 型：这种主板是以前常用的，它的特征是串口和打印口等需要用电缆连接后安装在机箱后框上。
- ATX 和 Micro ATX 型：这种主板是将 Baby-AT 型旋转 90°，并将串、并口和鼠标接口等直接设计在主板上，取消了连接电缆，使串、并、键盘等接口集中在一起，对机箱工艺有

一定要求。Micro ATX 主板与 ATX 基本相同，但通常有两个 PCI 和两个 ISA 扩展槽、两个 168 线的 DIMM 内存槽，整个主板尺寸减小很多，需要特制的 Micro ATX 机箱。

- NLX 型：NLX 结构是英语 "New Low Profile Extension" 的缩写，意思是新型小尺寸扩展结构，这是进口品牌机经常使用的主板，它在将串、并等接口直接安装在主板上后，专门用一块电路板将扩展槽设置在上面，然后再将这块电路板插入主板上预留的一个安装接口槽，这样可以将机箱尺寸做得比较小。

现在主板中应用最多的是 ATX 型和 Baby-AT 型主板，目前兼容机大都使用这两类主板。Micro-ATX 主板使用较少，目前只有在个别品牌机中得到应用。至于 NLX 主板，市场是没有零售的，由于它的结构小巧特殊，可以使用体积较小的机箱，所以目前仅用于厂家批量生产的品牌计算机。

（4）总线。

总线（Bus）是连接计算机中 CPU、内存、外存、输入/输出设备的一组信号线以及相关的控制电路，它是计算机中用于在各个部件之间传输信息的公共通道。

根据传送的信号不同，总线又分为数据总线（Data Bus，用于数据信号的传送）、地址总线（Address Bus，用于地址信号的传送）和控制总线（Control Bus，传送控制信号）。在微型计算机中常用的总线有 ISA 总线、EISA 总线、PCI 总线、USB 通用总线等。

最普通的总线是 PCI 总线，PCI 是 Intel 公司开发的一套局部总线系统，它支持 32 位或 64 位的总线宽度，频率通常是 33MHz。目前最快的 PCI12.0 总线速度是 1GB/s。PCI 总线允许 10 个接插件，同时它还支持即插即用。它的应用范围很广，几乎所有的主板都有 PCI 总线的扩展槽，如图 1-14 所示。

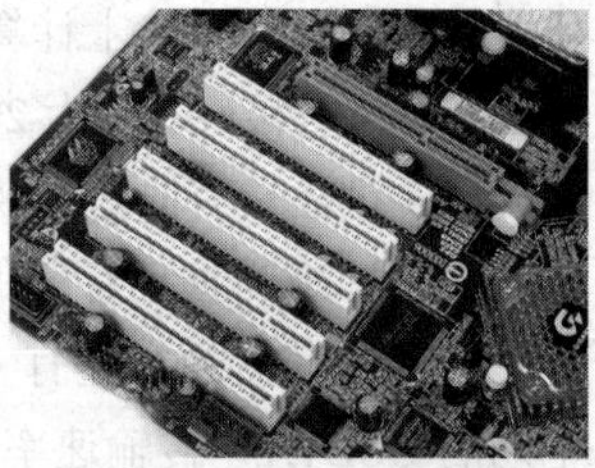

图 1-14 PCI 总线扩展槽

（5）输入/输出设备。

输入设备是用来接收用户输入的原始数据和程序，并将它们变为计算机能识别的二进制数存放到内存中。常用的输入设备有键盘、鼠标、扫描仪、光笔等。输出设备用于将存放在内存中的由计算机处理的结果转变为人所能接受的形式输出。常用的输出设备有显示器、打印机、绘图仪等。图 1-15 所示为常用的输入设备，图 1-16 所示为常用的输出设备。

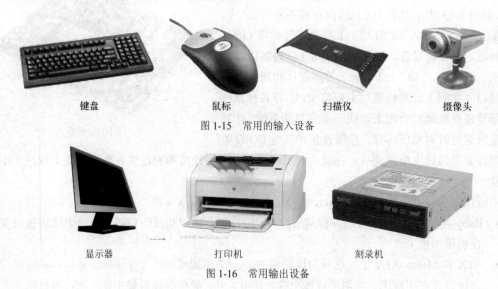

键盘　　　　　　　　　鼠标　　　　　　　扫描仪　　　　　　　摄像头

图 1-15 常用的输入设备

显示器　　　　　　　　打印机　　　　　　　刻录机

图 1-16 常用输出设备

人类用文字、图表、数字表达和记录世界上各种各样的信息，便于人们进行处理和交流。现在可以把这些信息都输入计算机中，由计算机来保存和处理。目前计算机内部都是使用二进制来表示数据的，理解并掌握二进制的相关知识对于理解使用计算机进行数据处理的过程是必要的。

9. 计算机中的数据

经过收集、整理和组织起来的数据，能成为有用的信息。数据是指能够输入计算机并被计算机处理的数字、字母和符号的集合。平常所看到的景象和听到的事实，都可以用数据来描述。可以说，只要计算机能够接收的信息都可以叫做数据。

（1）计算机中数据的单位。

在计算机内部，数据都是以二进制的形式存储和运算的，计算机数据的表示常用到以下几个概念。

位：二进制数据中的一位（bit）简写为 b，音译为比特，是计算机存储数据的最小单位。一个二进制位只能表示 0 或 1 两种状态，要表示更多的信息，就要把多位组合成一个整体，一般以 8 位二进制组成一个基本单位。

字节：字节是计算机数据处理的最基本单位，并主要以字节为单位解释信息。字节（Byte）简记为 B，规定一字节为 8 位，即 1B = 8bit。每字节由 8 个二进制位组成。一般情况下，一个 ASCII 码占用一字节，一个汉字国际码占用两字节。

（2）二进制。

二进制并不符合人们的习惯，但计算机内部却采用二进制表示信息，其主要原因有 4 个方面。

① 电路简单：在计算机中，若采用十进制，则要求处理 10 种电路状态，相对于两种状态的电路来说，是很复杂的。而用二进制表示，则逻辑电路的通、断只有两个状态，如开关的接通与断开、电平的高与低等。这两种状态正好用二进制的 0 和 1 来表示。

② 工作可靠：在计算机中，用两个状态代表两个数据，数字传输和处理方便、简单，不容易出错，因而电路更加可靠。

③ 简化运算：在计算机中，二进制运算法则很简单。例如，加减的速度快，求积规则有 3 个，求和规则也只有 3 个。

④ 逻辑性强：二进制只有两个数码，正好代表逻辑代数中的"真"与"假"，而计算机工作原理是建立在逻辑运算基础上的，逻辑代数是逻辑运算的理论依据。用二进制计算具有很强的逻辑性。

10. 认识计算机中的常用数制

数制是计数的方法。现在采用的计数方法是进位计数制，这种计数方法是按进位的方式计数。例如，大家所熟悉的十进制，在计数时就是满 10 便向高位进一，即向高位进位。

但在计算机内部，数据、信息都是以二进制形式编码表示的，因此要学习计算机相关知识，必须熟悉计算机中数据的表示方式，并掌握二、十、十六进制数之间的相互转换。

（1）认识十进制（Decimal Notation）。

十进制有如下特点。

① 有 10 个不同的计数符号：0，1，2，…，9，所以基数为 10。

② 进位规则是"逢十进一"。

权：在各种进制数中，各位数字所表示的值不仅与该数字有关，而且与它所在位置有关。例如，十进制数 38，十位上的 3 表示 3 个 10，个位上的 8 表示 8 个 1。为了区别不同位置的数字表示的数值大小，引进了"权"的概念。

在各进位制中，每个数位上的"1"所表示的数值大小，称为这个数位上的权。

例如，在十进制中，从整数最低位开始，依次向左的第 1，第 2，第 3，…位上的权分别是 1，10，100，…也可以表示为 10^0，10^1，10^2，…从小数最高位开始，依次向右的第 1，第 2，第 3，…位上的权分别是 0.1，0.01，0.001，…也可以表示为 10^{-1}，10^{-2}，10^{-3}，…在十进制中，各数位的权是基数 10 的整数次幂。

在其他进位制中，各数位的权是基数的整数次幂。

每个数位的数字所表示的值是这个数字与它相应的权的乘积。

写出数的按权展开式：

对于任意一个十进制数，都可表示成按权展开的多项式。一个 n 位整数和 m 位小数的十进制数 D，均可按权展开为：

$$D = D_{n-1} \cdot 10^{n-1} + D_{n-2} \cdot 10^{n-2} + \cdots + D_1 \cdot 10^1 + D_0 \cdot 10^0 + D_{-1} \cdot 10^{-1} + \cdots + D_{-m} \cdot 10^{-m}$$

例如：

$(1804)_{10} = 1 \times 10^3 + 8 \times 10^2 + 0 \times 10^1 + 4 \times 10^0$

$(48.25)_{10} = 4 \times 10^1 + 8 \times 10^0 + 2 \times 10^{-1} + 5 \times 10^{-2}$

在 $(1804)_{10} = 1 \times 10^3 + 8 \times 10^2 + 0 \times 10^1 + 4 \times 10^0$ 中，10^3，10^2，10^1，10^0 就是各位上的权。

（2）认识二进制（Binary Notation）。

电子计算机内部采用二进制编码表示各类信息。

二进制的特点如下。

① 只用 2 个不同的计数符号：0 和 1，所以基数为 2。

② 进位规则是"逢二进一"。

按"逢二进一"的进位规则，与十进制对应的二进制数如表 1-1 所示。

表 1-1　　　　　　　　　　　二进制数与十进制数的对应关系

十进制数	0	1	2	3	4	5	6	7	8	9
二进制数	0000	0001	0010	0011	0100	0101	0110	0111	1000	1001

对于任意一个二进制数，都可表示成按权展开的多项式。一个 n 位整数和 m 位小数的二进制数 B，均可按权展开为：

$$B = B_{n-1} \cdot 2^{n-1} + B_{n-2} \cdot 2^{n-2} + \cdots + B_1 \cdot 2^1 + B_0 \cdot 2^0 + B_{-1} \cdot 2^{-1} + \cdots + B_{-m} \cdot 2^{-m}$$

例如，把 $(11001.101)_2$ 写成展开式，它表示的十进制数为：

$(11001.101)_2 = 1 \times 2^4 + 1 \times 2^3 + 0 \times 2^2 + 0 \times 2^1 + 1 \times 2^0 + 1 \times 2^{-1} + 0 \times 2^{-2} + 1 \times 2^{-3} = (25.625)_{10}$

（3）认识八进制（Octal Notation）。

八进制的特点如下。

① 用 8 个不同的计数符号：0、1、2、3、4、5、6、7，所以基数为 8。

② 进位规则是"逢八进一"。

对于任意一个八进制数，都可表示成按权展开的多项式。对于任意一个 n 位整数和 m 位小数的八进制数 O，均可按权展开为：

$$O = O_{n-1} \cdot 8^{n-1} + \cdots + O_1 \cdot 8^1 + O_0 \cdot 8^0 + O_{-1} \cdot 8^{-1} + \cdots + O_{-m} \cdot 8^{-m}$$

例如，（5346）₈ 相当于十进制数

$$(5346)_8 = 5 \times 8^3 + 3 \times 8^2 + 4 \times 8^1 + 6 \times 8^0 = (2790)_{10}$$

（4）认识十六进制（Hexadecimal Notation）。

十六进制的特点如下。

① 有 16 个不同的计数符号：0、1、2、3、4、5、6、7、8、9、A、B、C、D、E、F，所以基数是 16。

② 逢十六进一（加法运算），借一当十六（减法运算）。

对于任意一个十六进制数，都可表示成按权展开的多项式。一个 n 位整数和 m 位小数的十六进制数 H，均可按权展开为：

$$H = H_{n-1} \cdot 16^{n-1} + \cdots + H_1 \cdot 16^1 + H_0 \cdot 16^0 + H_{-1} \cdot 16^{-1} + \cdots + H_{-m} \cdot 16^{-m}$$

在 16 个数码中，A、B、C、D、E 和 F 这 6 个数码分别代表十进制的 10、11、12、13、14 和 15，这是国际上通用的表示法。

例如，十六进制数（4C4D）₁₆ 代表的十进制数为：

$$(4C4D)_{16} = 4 \times 16^3 + C \times 16^2 + 4 \times 16^1 + D \times 16^0 = (19533)_{10}$$

二进制与其他数制之间的对应关系如表 1-2 所示。

表 1-2　　　　　　　　　　二进制与其他进制之间的对应关系

十进制	二进制	八进制	十六进制
0	0000	0	0
1	0001	1	1
2	0010	2	2
3	0011	3	3
4	0100	4	4
5	0101	5	5
6	0110	6	6
7	0111	7	7
8	1000	10	8
9	1001	11	9
10	1010	12	A
11	1011	13	B
12	1100	14	C
13	1101	15	D
14	1110	16	E
15	1111	17	F

11．常用数制之间的转换

不同数制之间进行转换应遵循转换原则。

（1）二、八、十六进制数转换为十进制数。

二进制数转换成十进制数的原则为：将二进制数转换成十进制数，只要将二进制数用计数制通用形式表示出来，计算出结果，便得到相应的十进制数。

例如，$(1101100.111)_2 = 1 \times 2^6 + 1 \times 2^5 + 1 \times 2^3 + 1 \times 2^2 + 1 \times 2^{-1} + 1 \times 2^{-2} + 1 \times 2^{-3}$

$$= 64 + 32 + 8 + 4 + 0.5 + 0.25 + 0.125$$

$$= (108.875)_{10}$$

八进制数转换为十进制数的原则为：以 8 为基数按权展开并相加。

例如，把 $(652.34)_8$ 转换成十进制。

解：$(652.34) = 6 \times 8^2 + 5 \times 8^1 + 2 \times 8^0 + 3 \times 8^{-1} + 4 \times 8^{-2}$

$$= 384 + 40 + 2 + 0.375 + 0.0625$$

$$= (426.375)_{10}$$

十六进制数转换为十进制数的原则为：以 16 为基数按权展开并相加。

例如，将 $(19BC.8)_{16}$ 转换成十进制数。

解：$(19BC8)_{16} = 1 \times 16^3 + 9 \times 16^2 + 11 \times 16^1 + 12 \times 16^0 + 8 \times 16^{-1}$

$$= 4096 + 2304 + 176 + 12 + 0.5$$

$$= (6588.5)_{10}$$

（2）十进制转换为二进制数。

整数部分的转换：整数部分的转换采用除 2 取余法。其转换原则是：将该十进制数除以 2，得到一个商和余数（K_0），再将商除以 2，又得到一个新商和余数（K_1），如此反复，得到的商是 0 时得到余数（K_{n-1}），然后将所得到的各位余数，以最后余数为最高位，最初余数为最低位依次排列，即 $K_{n-1}K_{n-2}\cdots K_1K_0$，这就是该十进制数对应的二进制数。这种方法又称为"倒序法"。

例如，将 $(126)_{10}$ 转换成二进制数。

2	126	……… 余　0　（K_0）
2	63	……… 余　1　（K_1）
2	31	……… 余　1　（K_2）
2	15	……… 余　1　（K_3）
2	7	……… 余　1　（K_4）
2	3	……… 余　1　（K_5）
2	1	……… 余　1　（K_6）
	0	

结果为：$(126)_{10} = (1111110)_2$

小数部分的转换：小数部分的转换采用乘 2 取整法。其转换原则是：将十进制数的小数乘以 2，取乘积中的整数部分作为相应二进制数小数点后最高位 K_{-1}，反复乘以 2，逐次得到 K_{-2}，K_{-3}，…，K_{-m}，直到乘积的小数部分为 0 或 1 的位数达到精度要求为止。然后把每次乘积的整数部分由上而下依次排列起来（$K_{-1}K_{-2}\cdots K_{-m}$），就是所求的二进制数。这种方法又称为"顺序法"。

例如，将十进制数 $(0.534)_{10}$ 转换成相应的二进制数。

$$0.534$$
$$\times \quad\quad 2$$
$$\overline{1.068} \quad \cdots\cdots\cdots\cdots\cdots\cdots\cdots\cdots\cdots 1 \quad (K_{-1})$$
$$\times \quad\quad 2$$
$$\overline{0.136} \quad \cdots\cdots\cdots\cdots\cdots\cdots\cdots\cdots\cdots 0 \quad (K_{-2})$$
$$\times \quad\quad 2$$
$$\overline{0.272} \quad \cdots\cdots\cdots\cdots\cdots\cdots\cdots\cdots\cdots 0 \quad (K_{-3})$$
$$\times \quad\quad 2$$
$$\overline{0.544} \quad \cdots\cdots\cdots\cdots\cdots\cdots\cdots\cdots\cdots 0 \quad (K_{-4})$$
$$\times \quad\quad 2$$
$$\overline{1.088} \quad \cdots\cdots\cdots\cdots\cdots\cdots\cdots\cdots\cdots 1 \quad (K_{-5})$$

结果为：$(0.534)_{10} = (0.10001)_{2}$

例如，将$(50.25)_{10}$转换成二进制数。

分析：对于这种既有整数又有小数的十进制数，将其整数和小数分别转换成二进制数，然后再把两者连接起来即可。

因为$(50)_{10} = (110010)_{2}$，$(0.25)_{10} = (0.01)_{2}$

所以$(50.25)_{10} = (110010.01)_{2}$

（3）八进制与二进制数之间的转换。

八进制转换为二进制数的转换原则是"一位拆三位"，即将一位八进制数对应于3位二进制数，然后按顺序连接即可。

例如，将$(64.54)_{8}$转换为二进制数。

$$6 \quad\quad 4 \quad\quad . \quad\quad 5 \quad\quad 4$$
$$\downarrow \quad\quad \downarrow \quad\quad \downarrow \quad\quad \downarrow \quad\quad \downarrow$$
$$110 \quad 100 \quad\quad\quad 101 \quad 100$$

结果为：$(64.54)_{8} = (110100.101100)_{2}$

二进制数转换成八进制数的原则可概括为"三位并一位"，即从小数点开始向左右两边以每3位为一组，不足3位时补0，然后每组改成等值的一位八进制数即可。

例如，将$(110111.11011)_{2}$转换成八进制数。

$$110 \quad 111 \quad\quad . \quad\quad 110 \quad 110$$
$$\downarrow \quad\quad \downarrow \quad\quad \downarrow \quad\quad \downarrow \quad\quad \downarrow$$
$$6 \quad\quad 7 \quad\quad . \quad\quad 6 \quad\quad 6$$

结果为：$(110111.11011)_{2} = (67.66)_{8}$

（4）二进制数与十六进制数的相互转换。

二进制数转换成十六进制数的转换原则是"四位并一位"，即以小数点为界，整数部分从右向左每4位为一组，若最后一组不足4位，则在最高位前面添0补足4位，然后从左边第一组起，将每组中的二进制数按权数相加得到对应的十六进制数，并依次写出即可；小数部分从左向右每4位为一组，最后一组不足4位时，尾部用0补足4位，然后按顺序写出每组二进制数对应的十六进制数。

例如，将(1111101100.0001101)₂转换成十六进制数。

0011	1110	1100	.	0001	1010
↓	↓	↓		↓	↓
3	E	C	.	1	A

结果为：(1110100.0001101)₂ = (3EC.1A)₁₆

十六进制数转换成二进制数的转换原则是"一位拆四位"，即把一位十六进制数写成对应的 4 位二进制数，然后按顺序连接即可。

例如，将(C41.BA7)₁₆转换为二进制数。

C	4	1	.	B	A	7
↓	↓	↓		↓	↓	↓
1100	0100	0001	.	1011	1010	0111

结果为：(C41.BA7)₁₆ = (110001000001.101110100111)₂

在程序设计中，为了区分不同进制，常在数字后加一个英文字母作为后缀以示区别。

① 十进制数，在数字后面加字母 D 或不加字母也可以，如 6659D 或 6659。

② 二进制数，在数字后面加字母 B，如 1101101B。

③ 八进制数，在数字后面加字母 O，如 1275O。

④ 十六进制数，在数字后面加字母 H，如 CFE7BH。

12．认识符号数据的编码方式

计算机中的数据是广义的，除了数值数据外，还有文字、数字、标点符号、各种功能控制符等符号数据（数字符号只表示符号本身，不表示数值的大小）。下面简要介绍字符数据和汉字的编码方式。

字符数据编码有多种方式，ASCII 码是国际上采用最普遍的字符数据编码方式。

① 定义。

ASCII 码是美国标准信息交换代码（American Standard Codes for Information Interchange）的英文缩写。

ASCII 码虽然是美国的国家标准，但已被国际标准化组织（ISO）认定为国际标准，因而该标准在世界范围内通用。

② 基本 ASCII 码字符集。

基本 ASCII 码字符集如表 1-3 所示。

表 1–3　　　　　　　　　　基本 ASCII 字符集

行	列	0	1	2	3	4	5	6	7
前位 后位		0000	0001	0010	0011	0100	0101	0110	0111
0	0000	NUL	DLE	SP	0	@	P	`	p
1	0001	SOH	DC1	!	1	A	Q	a	q
2	0010	STX	DC2	"	2	B	R	b	r

续表

行	列 / 前位 后位	0	1	2	3	4	5	6	7
		0000	0001	0010	0011	0100	0101	0110	0111
3	0011	ETX	DC3	#	3	C	S	c	s
4	0100	EOT	DC4	$	4	D	T	d	t
5	0101	ENQ	NAK	%	5	E	U	e	u
6	0110	ACK	SYN	&	6	F	V	f	v
7	0111	BEL	ETB	`	7	G	W	g	w
8	1000	BS	CAN	(	8	H	X	h	x
9	1001	HT	EM	)	9	I	Y	i	y
A	1010	LF	SUB	*	:	J	Z	j	z
B	1011	VT	ESC	+	;	K	[	k	{
C	1100	FF	FS	,	<	L	\	l	|
D	1101	CR	GS	-	=	M	]	m	}
E	1110	SO	RS	.	>	N	↑	n	~
F	1111	SI	US	/	?	O	↓	o	DEL

③ 基本 ASCII 码的构成。

在这个编码方案中，ASCII 码由 8 个二进制位构成，基本 ASCII 码的最高位规定为 0。

例如，大写字母 A，位于第 5 列第 2 行，故查得 A 在计算机内部的编码 $(A)_{ASCII} = 01000001$；大写字母 B，位于第 5 列第 3 行，故 $(B)_{ASCII} = 01000010$。

一个字符的 ASCII 码可以用二进制形式表示，也可以用十六进制表示，例如，$(A)_{ASCII} = (01000001)_2 = (41)_{16}$；$(B)_{ASCII} = (01000010)_2 = (42)_{16}$；$(N)_{ASCII} = (01001110)_2 = (4E)_{16}$。

④ 基本 ASCII 码可表示 128 种字符。

8 个二进制位，第 1 位为 0，余下的 7 位可以排列成 128 种编码方式（即 $2^7 = 128$）来表示 128 个不同的字符，因而能定义 128 个不同的符号。

⑤ 基本 ASCII 码的分类。

128 个字符分为两大类。

- 显示码：有 94 个编码，对应计算机键盘能输入的 94 个字符，包括 26 个英文字母的大小写，0～9 共 10 个数字符号，32 个运算符号和标点符号+、−、×、/、＞、=、＜等，这 94 个字符能被显示和打印。

- 控制码：有 34 个编码，不对应任何一个可以显示或打印的实际字符，只用于控制计算机设备或某些软件的运行。例如，CR 表示回车、BS 表示退一格、DEL 表示删除等。

⑥ ASCII 码的产生。

计算机中运行的 ASCII 码由输入设备（键盘、鼠标）产生。

计算机的输入设备——键盘，都设计有译码电路，每个被敲击的字符键，将由译码电路产生相应的 ASCII 码，再送入计算机。例如，当敲击大写字母 D 键时，译码电路产生相应的 ASCII 码 01000100；敲击【Esc】键时，则产生 ASCII 码 00011011。

⑦ 扩展 ASCII 码。最高位为 1 的 ASCII 码称为扩展 ASCII 码，用于表示希腊字母、不常用

的特殊称号，扩展 ASCII 码也有 128 个。

 任务实施

1．打开计算机

开机时，如果先开主机电源，再开外部设备电源，由于主机和外设的电源插头大多插在同一电源插板上，如果主机电源的稳压性能不好，外设的接入会造成插座上的电源电压有瞬时微小下降，将可能造成硬盘损坏。而先开外部设备，再开主机，主机工作时，电源插座不会有电压下降的波动，就不会发生硬盘可能损坏的情况。

启动计算机的方法有 2 种：加电启动、复位启动。

- 加电启动：是按计算机主机箱上的 Power 键（电源开关）。当按下电源开关后，会接通电源引入的通路，将 220V 电压送到计算机电源电路的输入端。
- 复位启动：是按主机箱上的 Reset 复位键。这种启动方法用于计算机发生死机，而键盘又失效时的重新启动。

因为复位启动既能有效地启动系统，又能避免开机时的冲击电流对显示器、主板等硬件寿命的影响，所以，计算机死机时，采用复位启动是最恰当的启动方式。

开机操作步骤如下。

步骤 01 打开显示器、音箱、打印机等外部设备的电源。

步骤 02 打开主机电源。

通电后，计算机将对内存、硬盘、软驱、光驱、键盘和其他设备进行自检，然后启动操作系统。

2．初识 Windows XP 桌面和窗口

步骤 01 打开计算机系统电源开关。

步骤 02 等待 Windows XP 启动完成。

步骤 03 更换一个新的桌面背景，并拉伸，使之充满整个桌面，如图 1-17 所示。

3．退出系统和关闭计算机

在 Windows XP 环境下，关闭系统的正确步骤如下。

步骤 01 在保存各应用程序的信息后，关闭应用程序窗口，退回桌面。

步骤 02 单击"开始"按钮，在"开始"菜单中，选择"关闭计算机"命令。

步骤 03 在"关闭计算机"对话框中，单击"关闭"按钮，如图 1-18 所示。

此时，计算机自动逐一关闭打开的操作系统文件，以保证硬盘下一次能正常启动。

主机中的 ATX 电源有自动关机功能，几秒钟后将自动关闭主机电源。

4．计算机使用注意事项

（1）正确开关计算机应先开显示器电源再开主机电源，关机则相反；千万不要强行关机。

（2）正确放置计算机应轻拿轻放，远离高温、潮湿、灰尘，避免阳光直射。

（3）夏季注意防雷，不要在打雷下雨时使用计算机，最好拔掉电源线。

（4）避免磁场对计算机的影响，不要与电视机、音箱、功放及电话机摆放过近，至少隔开两米左右。

（5）防止反串烧，为计算机配备一个专用的防静电接线板。

（6）在潮湿的雨季时，要将长期不用的计算机打开运行一段时间；天气干燥时，适当增加房

间空气湿度。

图 1-17　"显示 属性"对话框　　　　　图 1-18　"关闭计算机"对话框

 任务总结

通过本任务的学习，我们知道了计算机发展对社会发展的推动作用，从办公自动化到信息高速公路，计算机的应用无处不在。社会的信息化与计算机的普遍应用已经渗透到人类社会的各个领域，并促使从经济基础到上层建筑、从生产方式到生活方式的深刻转变。计算机技术的普及程度和应用水平已经成为衡量一个国家或地区现代化程度的重要标志。因此，熟练掌握计算机的操作会有效地提高我们的办公效率。

组装计算机

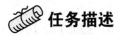 **任务描述**

当你有了一定的计算机基础知识之后，就想购买一台属于自己的计算机了，选用品牌计算机，可以得到良好的售后服务，而灵活选购计算机配件进行组装不仅可以得到一个个性化的计算机，还可以在价格上得到实惠，还便于以后升级。

 任务展示

本任务在对组成微型计算机各个配件认识的基础上，说明计算机配件的选购方法。通过本任务的学习，读者可以独立制定计算机配置方案，完成计算机配件的选购，能亲自动手完成一台计算机的安装，并能安装 Windows 操作系统。

相关知识

1. 计算机的各硬件组成

（1）认识主板。

主板，又叫主机板（mainboard）、母板（motherboard），安装在机箱内，是计算机最基本的也是最重要的部件之一。主板一般为矩形电路板，上面安装了组成计算机的主要电路系统，一般有BIOS芯片、I/O控制芯片、键盘和面板控制开关接口、指示灯插接件、扩充插槽、主板及插卡的直流电源供电接插件等元件，如图1-19所示。

① 芯片组。

芯片组是集成电路，它决定主板的性能和档次（如支持多少个扩展插槽、CPU类型、内存等），支持整个主板的运行，是主板最重要的部件。在硬件系统中，如果CPU相当于人的大脑，芯片组则相当于心脏，充当传送血液管道的作用。芯片组外观如图1-20所示。

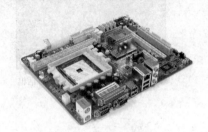
图1-19 计算机主板

图1-20 芯片组

主板上的控制芯片是成对使用的，按照它们在主板上的排列位置，分为"北桥芯片"和"南桥芯片"。北桥芯片提供对CPU的类型和主频、内存的类型和最大容量、ISA/PCI/AGP插槽、ECC纠错等支持；南桥芯片则提供对KBC（键盘控制器）、RTC（实时时钟控制器）、USB（通用串行总线）、ULTRADMA/33（66）EIDE数据传输方式和ACPI（高级能源管理）等的支持。其中北桥芯片起着主导性的作用，也称为主桥。

② 扩展槽。

扩展槽又称总线插槽，用于接插显示卡、声卡等接口卡，是主板上占用面积最大的部件。扩展槽的数目反映了系统的扩充能力，扩展槽的种类由系统总线类型决定。现在主板的扩展槽主要有PCI、AGP两种，分别与主板上的PCI、AGP总线连接。

③ BIOS ROM芯片。

主板上的BIOS ROM芯片是固化了基本输入/输出系统程序的只读存储器，提供了一个便于操作的系统软硬件接口，其外形如图1-21所示。

④ 高速缓冲存储器。

高速缓冲存储器简称缓存（Cache），是一种速度非常快的存储器，用于临时存储数据信息。主板上的Cache是CPU和RAM之间的桥梁，用于解决它们之间的速度冲突问题。

⑤ 主板电源插座

主板电源插座有AT和ATX两种规格。由机箱内的开关电源引出的电源插头应连接在相应的电源插座上。

ATX电源引出的是一个24孔的长方形插头，直接插在主板上24针的长方形的ATX电源插座中，方向反了会插不进去。ATX电源插座安装在ATX类主板上。

⑥ 接口。各接口外观如图1-22所示。

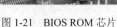

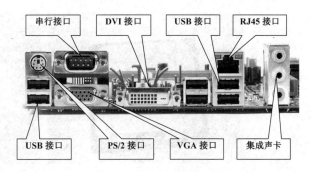

图 1-21 BIOS ROM 芯片　　　　　　　　　　图 1-22 各种接口的外观

IDE 接口：通过插入一条 40 线扁平电缆与 IDE 硬盘驱动器相连接，它有 2 组："主硬盘接口"和"从硬盘接口"，前者一般用于接入系统引导硬盘，后者则多用于接入光驱（IDE 采用 16 位数据并行传送方式，CD-ROM（光驱）与硬盘能共用 IDE 接口）。从 ATA66 传输标准（传输率 66MB/s）开始，为防止信号串扰，将 40 芯改为 80 芯，仍用 40 针插头。

SATA 接口：SATA 是 Serial ATA 的缩写，即串行 ATA。这是一种完全不同于并行 ATA 的新型硬盘接口类型，由于采用串行方式传输数据而得名。SATA 总线使用嵌入式时钟信号，具备了更强的纠错能力，与以往相比其最大的区别在于能对传输指令（不仅仅是数据）进行检查，如果发现错误会自动矫正，这在很大程度上提高了数据传输的可靠性。串行接口还具有结构简单、支持热插拔的优点。Serial ATA 1.0 的传输率是 1.5Gbit/s，Serial ATA 2.0 的传输率是 3.0Gbit/s。SATA 接口是目前硬盘和光驱主要采用的接口方式。

软驱接口：通过插入一条 34 线扁平电缆与软盘驱动器相连接。存取容量为 1.44MB 的 3.5 英寸软盘驱动器。

PS/2 接口：用于连接接口为 PS/2 的键盘，或 PS/2 的鼠标器。

串行接口：通过插入一根 10 线扁平电缆（也称为"排线"），用于连接串口鼠标、外置 MODEM 等常用设备。串行接口可分为串行接口 1（COM1）和串行接口 2（COM2）。

并行接口（LPT）：通过插入一根 16 线扁平电缆，连接硬盘、鼠标、数码相机等一些外部设备。USB 接口的特点是：能"热插拔"，在不关闭计算机电源的情况，直接插入 USB 设备，真正实现"即插即用"功能；数据传输速度远远超过现有标准的串行口和并行口的传送速度；能同时支持多种设备的连接，最多可在 1 台计算机上连接 127 种 USB 设备；USB 接口可为 USB 设备提供 5V 电源，USB 接口为 4 针连接口，其中 2 根为电源线，另外 2 根为信号线。

PCI-E 总线（2004 年 Intel 公司推出）：是目前较新的显卡接口，取代过去使用的 AGP 和 PCI 总线。目前，除了显卡，暂无其他设备使用 PCI-E 插槽；PCI-E 是串行总线，而 PCI 是并行总线，两者传送方式完全不同。PCI-E × 16 具有 4GB/s 的传输速度，是 AGP8X 的 2 倍。

跳线主要用于设定计算机的工作状态，有的用于改变 CPU 的工作频率或工作电压，有的用于清除 BIOS 设置等。

（2）认识 CPU。

CPU 的外观如图 1-23 所示。

图 1-23 CPU 外观

① 了解 CPU 的组成及作用。

CPU 也称为中央处理单元，由运算器和控制器组成。运算器主要完成各种算术运算（如加、减、乘、除）和逻辑运算（如逻辑加、逻辑乘和逻辑非运算）；控制器读取各种指令，对指令进行分析，发出相应的控制信号。它的性能决定了整个计算机的性能。

② CPU 的性能指标。

CPU 的位数（即字长）：在一个时钟周期内，CPU 同时处理的二进制数位的多少叫字长。

能处理字长为 64 位数据的 CPU 称为 64 位 CPU，一次可以处理 8 字节。（想一想，为什么？）位数越高的 CPU 在同样时间内所能完成的数据处理就越多，CPU 性能就越强。

根据 CPU 内运算器所能处理的数据位数分类，CPU 通常分为 8 位、16 位、32 位和 64 位。目前的 CPU 已经发展到了 64 位。常见的 Pentium（奔腾）CPU 是增强的 32 位。对于 P II 以后的 CPU 来说，虽然采用 64 位输送外部数据信息，但它的寻址能力仍然停留在 32 位上，所以它还是属于 32 位机。很多服务器的 CPU 采用 64 位，AMD 公司 Opteron（皓龙）处理器和 Athlon（速龙）64 就是 64 位的 CPU。

CPU 的双（或多）核技术，就是将 2 个（或多个）计算机内核集成到一个处理器芯片中。目前，基于双核的 CPU 已成为主流产品，多核技术已是大势所趋。

CPU 的主频：即 CPU 内部的工作频率（也称为 CPU 时钟频率），可以理解为 CPU 每秒执行指令的数量。

主频的基本单位为 Hz（赫兹），常用的主频单位有 MHz（兆赫兹）、GHz（吉赫兹），它们之间的关系为：

$$1MHz = 10^6 Hz，1GHz = 10^3 MHz$$

主频越高，一个时钟周期内完成的指令数也就越多，中央处理器的运算速度就越快。

主频由 CPU 标志的最后数值表示，如 Intel 公司的 P4-2.8G，表示 CPU 档次为 P4，主频为 2.8GHz。

PC 中的 CPU 主要生产商有 Intel 公司、AMD（超微）公司、VIA（威盛）公司，其中 Intel 公司最具代表性。

（3）认识内存储器。

常见的内存储器如图 1-24 所示。

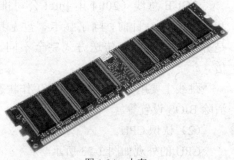

图 1-24 内存

内存储器（RAM），即习惯称呼的内存，又称读写存储器。

① 内存的特点。

- 既能写入，又能读出。在刚通电时，内存中没有存放任何信息，需要运行程序时才将有关信息载入。
- 关机后，内存中的信息不再保留。
- 所有要由 CPU 处理的信息，必须先调入内存，再传送给 CPU。

② 内储存器的性能参数。

储存容量：能存储字节数的多少，单位有 KB、MB、GB 和 TB。

其相互换算关系如下。

1KB = 1024B

1MB = 1024KB

1GB = 1024MB

1TB = 1024GB

现在的计算机，内存容量一般选配 512MB 以上，原则上稍大为好。

存取时间：完成一次存取所用的时间，单位用 ns（纳秒）（$1ns = 10^{-9}s$）表示。

存取时间越短，内存的速度越快。型号 PC100 内存的存取时间为 10ns（运行频率为 100MHz），型号为 PC333（型号 PC333 表示运行频率为 333MHz）内存的存取时间为 3ns，PC400 内存的存取时间为 2.5ns。

现在的主板，安装的都是 184 线的 DDR 内存。

（4）认识外部存储器。

外部存储器是计算机保存信息并与外界交换信息的重要设备，它将信息记录在磁性物质或其他介质上，可以长期保存信息，便于携带。外部存储器分为软盘、硬盘、光盘和 U 盘。

常见的外部存储器如图 1-25 所示。

硬盘

移动硬盘

光盘

图 1-25 外部存储设备

① 硬盘——大容量外部储存器。

硬盘的特点是：容量大，工作稳定性好，一般采用全密封结构，装在机内，盘片不可更换。硬盘的技术参数如下。

- 盘片直径：普遍是 3.5 英寸硬盘，除此之外，还有 2.5 英寸或体积更小的硬盘，小体积硬盘常用于笔记本计算机中。
- 容量：表示硬盘能存储信息的多少。硬盘容量常用 GB 作单位，目前容量有 80GB，120GB，160GB 等。
- 转速：硬盘盘片每分钟转动的圈数，单位为 r/min（转/分钟）。IDE 硬盘的转速为 7200r/min，

SCSI 硬盘为 10000r/min。

- 缓存：与主板上的高速缓存（RAMCache）一样，硬盘缓存的目的是解决系统前后级读写速度不匹配的问题，以提高硬盘的读写速度。目前，IDE 硬盘的缓存通常有 2MB 和 8MB 两种。
- 接口类型：有 IDE、SCSI 和 SATA 3 种，IDE 的意思是"集控制器和盘体于一体的硬盘驱动器"，称为 ATA（即高速硬盘接口）规范。IDE 和 ATA 实际上是同一硬盘技术的不同表述方式。SCSI 的含义是"小型计算机系统接口"。

SATA 也称为串行 ATA 接口，支持热拔插；而 IDE 是并行 ATA 接口，最高数据传输率为 133MB/s；SATA1.0 的传输率为 150MB/s，SATA2.0 的传输率为 300MB/s；SATA 已成为硬盘主流接口。

目前主流的硬盘品牌有希捷（Seagate）、迈拓（Maxtor）、IBM、西部数据（WD）等。

数据排线：IDE 硬盘用 40 芯的扁平电缆；从 ATA/66（传输率为 66MB/s）开始，扁平数据线改为 80 芯（减少高速传输时的串扰），主板上的 IDE 插口大小不变；SCSI 接口与主板用一根 50 芯扁平电缆连接。

硬盘跳线：硬盘外壳上除电源插座和数据接口（40 针的 IDE 接口或 50 针的 SCSI 接口）外，还有一些跳线，在安装时可能要用它们来设置硬盘。对于 IDE 硬盘，主要设置是将其作为主盘（Master），还是副盘（Slave）；对 SCSI 硬盘，则是设置 ID 号和终端电阻等。

② 光盘驱动器。

光盘驱动器的分类：光盘驱动器又称为光驱（或 CD-ROM 驱动器），它的主要功能是驱动和读写光盘，是多媒体配件中的重要设备，分为只读光驱（CD-ROM）、刻录光驱（CD-RW）、DVD 光驱（只读见图 1-26）和 DVD 刻录机（DVD-RW）4 类。

光盘驱动器的结构：通常光驱的正面有一个 CD 立体声插孔、光驱工作指示灯、旋钮（用来调节音量，有的没有）、播放键和弹出键。

光驱的性能指标如下。

数据传输率：数据传输率表示每秒读取的字节数，以 KB/s 为单位。

倍速有不同级别：单倍速 = 150KB/s；多倍速的传输率即为单倍速的相应倍数。例如，50X 表示 50 倍速，其传输率为 150KB/s × 50 = 7500KB/s。

③ USB 存储器（U 盘）。

认识 U 盘：U 盘的核心存储介质是 1 块闪存（Flash Memory）芯片，故 U 盘又称闪存。U 盘的容量有 2GB，8GB，16GB，32GB 等。U 盘外观如图 1-27 所示。

图 1-26 DVD 光驱　　　　　　　　图 1-27 U 盘

U 盘的使用：在 Windows 98 环境下，应先安装该型号 U 盘的驱动程序，才能在 USB 接口中插入 U 盘后，在"我的电脑"中出现"移动磁盘"（即 U 盘）盘符。

若是 Windows XP/2000，这些操作系统自带有 U 盘的驱动程序，插上 U 盘就能使用，不需要安装驱动程序。

U 盘是为数不多的能"带电拔插"的外部存储器，但拔出前，应先对 U 盘进行"关闭"（先停止，再拔出），这样才不会造成 U 盘数据的丢失（特别是在 Windows 98/2000/XP 环境下）。

（5）认识显示器。

显示器是最常用的输出设备，是计算机传递信息给用户的窗口，它能将计算机内的数据转换为各种直观的图形、图像和字符，显示计算机工作的各种状态、结果、编辑的文件、程序和图形等。常见的显示器如图 1-28 所示。

显示器件可分为传统的 CRT（阴极射线管）显示器和液晶显示器（LCD）。

CRT 显示器可分为单色显示器和彩色显示器。单色显示器现在很少使用（只用于超市收银台等少数地方），当今生产的都是 TVGA 显示模式（分辨率为 1024 像素 × 768 像素）的彩色显示器，它能适应 VGA 模式（分辨率为 640 像素 × 480 像素）和 SVGA 模式（分辨率为 800 像素 × 600 像素）。

液晶显示器体积小，耗电量低，价格较高。目前液晶显示器已开始广泛用于 PC。

（6）认识显示卡。

显示卡的作用是将计算机需要显示的数字信号转换为模拟信号，再由信号线将视频信号送往显示器。显示卡是 CPU 与显示器之间的接口电路。显示卡的外观如图 1-29 所示。

| CRT 显示器 | LCD 类显示器 |
| 图 1-28　显示器 | 图 1-29　显示卡 |

决定显示卡性能的部件有以下几个。

① 显示芯片：是决定显示卡性能的最主要部件。显示芯片具有三维图像的处理功能，代替 CPU 完成三维图形运算，使各种色彩鲜艳的图像能在瞬间生成。

② 显示内存：保存由图形芯片处理好的各帧图形的显示数据，然后由数模转换器读取并逐帧（1 帧，即为 1 幅完整的图像）转换为模拟视频信号，再提供给传统的显示器使用。

（7）键盘和鼠标。

① 认识键盘。

键盘是最常用，也是最主要的输入设备，常见的键盘如图 1-30 所示。

按键盘的结构分类，键盘可分为机械式键盘和电容式键盘 2 种，现在的键盘大多是电容式键盘。

按接口类型分类，键盘可分为 AT（6 针大圆口）、PS/2（6 针小口）、USB 接口和无线接口键盘。

图 1-30 键盘

从外形分类，键盘可分为标准键盘和人体工程学键盘。人体工程学键盘是在标准键盘上将指法规定的左手键区和右手键区这两大板块左右分开，并形成一定角度，操作者不必有意识夹紧双臂，保持一种比较自然的形态，这样可以有效地降低左右手键区的误击率，减少由于手腕长期悬空导致的疲劳。

② 认识鼠标。

常见的鼠标如图 1-31 所示。

鼠标按其工作原理可分为机械式鼠标和光电式鼠标，光电式鼠标要比机械式鼠标灵敏一些，并且定位比较精确。在使用鼠标时最好使用一块鼠标垫板，这样可以保持鼠标滑动的平稳性，从而提高鼠标的定位能力。

PS/2 鼠标

USB 鼠标

无线鼠标

图 1-31 鼠标

鼠标按其接口类型可分为串行接口、PS/2 接口、USB 接口和无线接口 4 类鼠标。前 3 种为有线鼠标，其中串行接口鼠标已快淘汰，在没有 PS/2 接口的计算机上一般都使用这种鼠标；PS/2（绿色）接口的鼠标（也称为小口鼠标）需要专门的鼠标接口（6 芯的圆形接口）它需要主板提供一个 PS/2 的端口，在 PⅡ 以上的计算机多采用这种接口的鼠标；USB 接口的鼠标能在系统开启后即插即用；无线鼠标除有标准的手挚端外，在计算机上应插一个红外线无线接收端。

（8）选购机箱和电源。

① 认识机箱。

机箱是计算机主机的外壳，用于安装计算机系统的所有配件，一般有卧式和立式 2 类，机箱的样式各异，如高的、矮的、超薄式和豪华式机箱等，如图 1-32 所示。

图 1-32 立式机箱（左）与卧式机箱（右）

机箱内有固定软盘、硬盘驱动器支架，固定主板的螺钉柱和电源。机箱板上有电源开关（POWER）、复位开关（Reset）、发光二极管指示灯 LED 等。

② 认识电源。

电源的作用是将 220V 交流市电隔离并变换成计算机需要的±5V 和±12V 低压直流电。电源单独装在一个金属方盒内，只向主机箱内供电，如图 1-33 所示。

电源是计算机中各配件的动力源泉，一般都内置在机箱中一同出售。品质不好的电源不但会损坏主板、硬盘等部件，还会由此缩短计算机的正常使用寿命。

电源按功率分类，一般有 250W、300W、350W、400W 等几个档次。注意：计算机电源与计算机内的硬件配置应满足以下关系。

图 1-33　电源

计算机电源总功率≥主机硬件配置总功率

电源按接口分类，有 ATX 电源和 AT 电源 2 类。

ATX 电源向主板供电的是一个 24 线的长方形插头，有方向性，错向将插不进去；ATX 电源能在操作系统的控制下，实现对主机的自动关机。目前的计算机，都使用 ATX 电源。

AT 电源的直流输出插头是 P8、P9 两个 6 线排插，AT 电源不能自动关机；AT 电源用在从 286 到 PⅡ类型计算机，目前不再生产。

计算机电源都是开关振荡电路稳压电源，注意不要频繁开关，否则会因瞬间脉冲电流过大而烧坏计算机。

（9）认识声卡。

声卡是记录和播放声音的适配卡，它并非计算机的必备部件，但却是多媒体计算机中必需的重要部件。按采样位数，分为 8 位和 16 位声卡（8 位声卡已淘汰）。现在许多主板都集成了声卡，集成声卡已完全能满足普通用户的要求。若是专业性要求，需要另配 1 块专业级声卡。

声卡的外观如图 1-34 所示。

声卡的基本功能是：能录制话音（声音）和音乐，且可以选择以单声道或双声道录音，并且能控制采样速率。

声卡插孔的作用如下。

- SPEAKER（声音的输出孔）：接音箱或耳机（最常用的插孔）。
- MIC（麦克风）（录音输入孔）：接耳麦的话筒（麦克风）插头（录音才用）。
- LINEIN（线路输入）：接其他音源（如 MIDI 电子乐器）的输出插头。
- LINEOUT（线路输出）：接有源（自带放大功能）音箱。

LINEIN 和 LINEOUT 孔极少使用。

（10）认识音箱。

音箱是多媒体计算机不可缺少的一个组成部分，如图 1-35 所示。

图 1-34 声卡

图 1-35 音箱

2. 了解 BIOS 设置

BIOS 是 Basic Input Output System，即基本输入输出系统的英文缩写，它是被固化到计算机主板上的 ROM 芯片中的最先启动的系统软件。

BIOS 程序的主要功能是为计算机提供最底层的、最直接的硬件设置和控制。BIOS 设置程序储存在主板 BIOS-ROM 芯片中，在开机时可以进行设置。使用 BIOS 设置程序还可以排除系统故障或者诊断系统问题。关机后，主板 ROM 芯片中的 BIOS 程序不会丢失。

CMOS RAM（金属氧化物半导体读写存储器）用于存储 BIOS 设置程序所设置的参数与数据（如启动顺序、系统日期、开机口令等），CMOS RAM 中的信息靠主板上 3V 的纽扣电池来维持（这种纽扣电池的寿命为 3～5 年，开机时处于充电状态）。

BISO 设置，也习惯被称为 CMOS 设置。

在进行硬盘分区和操作系统安装时，需要几次改变引导驱动器，如先要用光驱启动，操作系统安装完成后，又要求回到硬盘启动，就需要进入计算机 BIOS，进行启动设备选项的设置。

3. 硬盘分区与格式化

（1）认识硬盘分区。

新硬盘往往不能立即使用，必须进行分区和高级格式化。

将硬盘的整体存储区域划分成几个分区域的操作称为硬盘分区。新硬盘就像一张白纸，分区相当于在这张纸上划分出一个个的栏目，格式化相当于在每个栏目中打上格子，以便于写字，即存放信息。在操作系统下经常看到的如 C:、D:、E:、F: 等盘符（逻辑硬盘），实际上是在一个物理硬盘上分区的结果。

对硬盘分区就是将硬盘的整体存储区域划分为 3～5 个分区域，这些分区域又称"逻辑硬盘"，并依次赋予盘符 C:、D:、E: 等。硬盘分区后，操作系统软件一般存放在第一分区 C 盘，其他应用软件存放在其余分区，以利于系统的安全和软件的分类管理。

（2）规划各个分区的用途和容量。

现在硬盘的容量都很大，在使用时往往根据存放数据的类型进行必要的规划。

① 各分区用途的规划原则。

不同类型的数据分别存在不同的逻辑盘中。一般原则是：C 盘存放系统软件，D 盘存放应用程序，E 盘存放文档或数据文件，F 盘存放驱动程序及系统备份文件，电影游戏放在 G 盘等。盘符一般不超过 5 个。

② 各逻辑盘容量的划分原则。

应根据硬盘总容量来进行分区，各主要分区容量的大致划分原则为：系统软件区占总容量的 10%，应用程序文件区占总容量的 30%～50%，文档区占总容量的 20%～30%（若用于存放图形、图像、影视，则应规划大一些），余下的用作系统备份文件区。

（3）分区的高级格式化。

格式化就是为磁盘做初始化的工作，以便能够按部就班地往磁盘上记录资料。在对硬盘分区进行高级格式化时，还要考虑硬盘的分区格式。硬盘分区有 FAT16、FAT32、NTFS 等格式，不同的分区格式支持不同的操作系统，如表 1-4 所示。

表 1–4　　　　　　　　　　　　　　　　分区格式的特点

分区格式	支持的硬盘最大格式	各分区支持的最大容量	支持的操作系统
FAT16	8GB	2GB	DOS、Windows 98/2000/NT
FAT32	不限	2TB	Windows 98/2000/NT
NTFS	不限	2TB	Windows 2000/NT/XP/Vista/7

注：现在使用的硬盘分区格式都是 FAT32 或 NTFS 格式。

 任务实施

1. 计算机的硬件组装

（1）工具准备工作。

带磁性的十字螺丝刀及镊子、尖嘴钳。

（2）硬件设备准备。

主板、CPU、内存等。

（3）了解组装须知。

① 防止静电对电子器件造成损伤，工作场所做好防静电处理。

② 对各个部件要轻拿轻放，不要碰撞，尤其是硬盘、主板、CPU 和内存条不能碰撞。

③ 安装主板一定要稳固，同时要防止主板变形，不然会对主板的电子线路造成损伤。

（4）计算机组装过程。

目前市场上的 CPU 主要来自 Intel 和 AMD 两家公司，Intel 公司的处理器主要有：奔腾双核、酷睿 2（Core 2）、酷睿 i 系列。AMD 公司的处理器主要有：闪龙、速龙 II、羿龙 II 系列，下面以 Inter Core 2 CPU 以及相关硬件产品展示计算机的硬件组装过程。

步骤 01 安装 CPU 处理器。

Inter 处理器奔腾双核、Core 2 系列，主要采用 LGA 775 接口，最新的酷睿 i 系列采用 LGA1156、LGA1155（Sandy Bridge），其安装方法基本相同。

图 1-36 中可以看到，Inter LGA 775 接口处理器全部采用了触点式设计，这种设计最大的优势是不用再担心针脚折断的问题，但对处理器的插座要求则更高。

图 1-36　Inter Core 2 CPU

图 1-37 所示是主板上的处理器插座，与针管设计的插座区别很大。在安装 CPU 之前，要先打开插座，方法是：用适当的力向下微压固定 CPU 的压杆，同时用力往外推压杆，使其脱离固定卡扣。压杆脱离卡扣后，便可以顺利地将压杆拉起。接下来，将固定处理器的盖子与压杆朝反方向提起。

图 1-37　LGA 775 插座

在安装处理器时，需要特别注意。如图 1-38 所示，在 CPU 处理器的一角上有一个三角形的标识，另外仔细观察主板上的 CPU 插座，同样会发现一个三角形的标识。在安装时，处理器上印有三角标识的那个角要与主板上印有三角标识的那个角对齐，然后慢慢地将处理器轻压到位。这不仅适用于 Inter 的处理器，而且适用于目前所有的处理器，特别是对于采用针脚设计的处理器而言，如果方向不对则无法将 CPU 安装到全部位，大家在安装时要特别注意。

图 1-38　CPU 处理器的三角形的标识

将 CPU 安装到位以后，盖好扣盖，并反方向稍微用力扣下处理器的压杆，如图 1-39 所示。至此 CPU 便被稳稳地安装到主板上，安装过程结束。

图 1-39　安装 CPU

步骤 02 安装散热器。

CPU 的发热量是相当惊人的，虽然目前 45W 的产品已经成为当前主流，但即使这样，其在运行时的发热量仍然相当惊人。因此，选择一款散热性能出色的散热器特别关键。如果散热器安装不当，散热的效果也会大打折扣。图 1-40 是 Intel LGA 775 针接口处理器的原装散热器，可以看到较之前的 478 针接口散热器相比，做了很大的改进：由以前的扣具设计改成了如今的四角固定设计，散热效果也得到了很大的提高。安装散热前，要先在 CPU 表面均匀地涂上一层导热硅脂（很多散热器在购买时已经在底部与 CPU 接触的部分涂上了导热硅脂，这时就没有必要再在处理器上涂一层了）。

安装时，将散热器的 4 个角对准主板相应的位置，如图 1-41 所示，然后用力压下四角扣具即可。有些散热器采用了螺丝设计，因此，散热器会提供相应的垫脚，只需要将 4 颗螺丝受力均衡即可。由于安装方法比较简单，这里不再赘述。

图 1-40　Intel LGA 775 散热器

图 1-41　安装散热器

固定好散热器后，还要将散热风扇接到主板的供电接口上，如图 1-42 所示。找到主板上安装风扇的接口（主板上的标识字符为 CPU_FAN），将风扇插头插放即可（注意：目前有四针与三针等几种不同的风扇接口，大家在安装时注意一下即可）。由于主板的风扇电源插头都采用了防呆式的设计，反方向无法插入，因此安装起来非常方便。

图 1-42　安装风扇的接口

步骤 03 安装内存条。

在内存成为影响系统整体性能的最大瓶颈时，双通道的内存设计大大解决了这一问题。提供 Inter 64 位处理器支持的主板目前均提供双通道功能，因此建议大家在选购内存时尽量选择两根同规格的内存来搭建双通道。

主板上的内存插槽一般都采用两种不同的颜色来区分双通道与单通道，如图 1-43 所示，将两条规格相同的内存条插入相同颜色的插槽中，即打开了双通道功能，从而提高系统性能。

安装内存时，先将内存插槽两端的扣具打开，然后将内存平行放入内存插槽中（内存插槽也使用了防呆式设计，反方向无法插入，大家在安装时可以对应一下内存与插槽上的缺口），用两拇指按住内存两端轻微向下压，如图 1-44 所示，听到"啪"的一声响后，即说明内存安装到位。

图 1-43　双通道内存插槽　　　　　　　　　　　　图 1-44　安装内存条

　　另外，目前 DDR3 内存已经成为当前的主流，需要特别注意的是，DDR、DDR2 和 DDR3 内存接口是不兼容的，不能通用。到目前为止，CPU、内存的安装过程就完成了。下面再进一步讲解硬盘、电源、刻录机的安装过程。

步骤 04 将主板安装固定到机箱中。

　　目前，大部分主板采用 ATX 或 MATX 结构，因此机箱的设计一般都符合这种标准。在安装主板之前，先将机箱提供的主板垫脚螺母安装到机箱主板托架的对应位置，如图 1-45 所示（有些机箱购买时就已经安装）。双手平行托住主板，将主板放入机箱中，如图 1-46 所示。

图 1-45　安装垫脚螺母　　　　　　　　　　　　图 1-46　放置主板

　　机箱是否安装到位，可以通过机箱背部的主板挡板来确定，如图 1-47 所示。（注意，不同主板的背部 I/O 接口是不同的，在主板的包装中均提供一块背挡板，因此在安装主板之前先要将挡板安装到机箱上。）

　　拧紧螺丝，固定好主板，如图 1-48 所示。在装螺丝时，注意每颗螺丝不要一开始就拧紧，等全部螺丝安装到位后，再将每粒螺丝拧紧，这样做的好处是可以随时对主板的位置进行调整。

图 1-47　主板挡板　　　　　　　　　　　　图 1-48　固定螺丝

步骤 05 安装硬盘。

　　在安装好 CPU、内存之后，需要将硬盘固定在机箱的 3.5 英寸硬盘托架上。对于普通的机箱，只需要将硬盘放入机箱的硬盘托架上，拧紧螺丝使其固定即可。很多用户使用了可拆卸的 3.5 英寸机箱托架，这样安装起硬盘来就更加简单。

机箱中固定 3.5 英寸托架的扳手，拉动此扳手即可固定或取下 3.5 英寸硬盘托架。取出 3.5 英寸硬盘托架后，将硬盘装入托架中，如图 1-49 所示，并拧紧螺丝。

将托架重新装入机箱，并将固定扳手拉回原位固定好硬盘托架，如图 1-50 所示。简单的几步便将硬盘稳稳地装入机箱中。

图 1-49　将硬盘装入托架

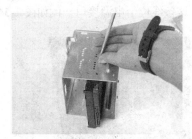

图 1-50　固定硬盘托架

步骤 06 安装光驱、电源。

安装光驱的方法与安装硬盘的方法大致相同，对于普通的机箱，只需要将机箱的 4.25 英寸托架前的面板拆除，并将光驱装入对应的位置，拧紧螺丝即可，如图 1-51（a）所示。

机箱电源的安装，方法比较简单，放入到位后，拧紧螺丝即可，如图 1-51（b）所示

图 1-51(a)　从机箱正面放入的光驱

图 1-51(b)　安装机箱电源

步骤 07 安装显卡。

目前，PCI-E 显卡已经市场主力军，AGP 基本上见不到了，因此，在选择显卡时，PCI-E 绝对是必选产品。

用手轻握显卡两端，垂直对准主板上的显卡插槽，如图 1-52 所示，向下轻压到位后，再用螺丝固定，即完成了显卡的安装过程。

图 1-52　主板上的 PCI-E 显卡插槽

步骤 08 连接好各种线缆。

安装完显卡之后，剩下的工作就是连接所有的线缆了。

① 安装硬盘电源与数据线接口。这是一块 SATA 硬盘，右边红色的为数据线，黑、黄、红交叉的是电源线，如图 1-53 所示，安装时将其按入即可。接口全部采用防呆式设计，反方向无法插入。

光驱数据线安装，均采用防呆式设计，安装数据线时可以看到 IDE 数据线的一侧有一条蓝色或红色的线，这条线位于电源接口一侧如图 1-54 所示。安装主板上的 IDE 数据线见图 1-55。

图 1-53　串口硬盘电源线与数据线

图 1-54　IDE 接口电源线与数据线

② 主板供电电源接口连接如图 1-56 所示。这里需要说明的是，目前大部分主板采用了 24Pin 的供电电源设计，而过去的主板多为 20Pin。

CPU 供电接口如图 1-57 所示，有些采用四针的加强供电接口设计，有些高端的使用了 8Pin 设计，以提供 CPU 稳定的电压供应。

③ 主板上 SATA 硬盘、USB 接口及机箱开关、重启、硬盘工作指示灯接口的安装方法比较简单。连接机箱上的电源键、重启键等是组装计算机的最后一步。

图 1-55　安装主板上的 IDE 数据线

图 1-58 所示便是机箱与主板电源的连接示意图。其中，POWER SW 是电源接口，对应主板上的 PWR SW 接口，RESET SW 为重启键的接口，对应主板上的 RESET 插孔。HDD LED 为机箱面板上硬盘工作指示灯，对应主板上的 HDD LED，剩下的 PLED 为计算机工作的指示灯，对应插入主板即可，如图 1-59 所示。需要注意的是，硬盘工作指示灯与电源指示灯分为正负极，在安装时需要注意，一般情况下红色代表正极。

图 1-56　24 针电源接口

图 1-57　加强 CPU 供电接口

对机箱内的各种线缆进行简单的整理，散乱的线缆要用尼龙扎带匝起来，以提供良好的散热空间，如图 1-58 所示，这一点大家一定要注意。

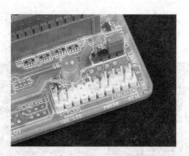

图 1-58　机箱电源、重启等键的插槽及机箱连接线

图 1-59　整理后的机箱

通过以上几个简单的步骤后，一台计算机在我们的努力下就组装成功了。

2．软件系统的安装

（1）设置 BIOS。

打开电源开关，按【Delete】键（不同版本的 BIOS 程序会有差异，需要看相关说明）进入 BIOS 设置程序，完成如下操作。

步骤 01 把光驱设置为第一启动设备。

步骤 02 保存关退出 BIOS 设置。

（2）硬盘的分区与高级格式化。

常见的分区软件有 FDISK、DM、PQMagic 等。DM 是一个很小巧的 DOS 工具，其众多的功能完全可以完成硬盘的管理工作，同时它最显著的特点就是分区的速度快。这个工具问世时间很长了，市面上可以买到的系统启动光盘基本上都带有这个工具。下面以 DM 为例，讲解硬盘分区的步骤。

操作步骤如下。

步骤 01 把系统启动光盘放入光驱各，从光盘引导。

在光盘启动菜单上选择启动 DM，开始一个说明窗口，按【Enter】键进入主界面，如图 1-60 所示。DM 提供了自动分区的功能，不用人为干预，全部由软件自行完成。

步骤 02 选择主菜单中的"（E）asy Disk Instalation"即可完成分区工作。这样虽然方便，但不能按照用户的意愿进行分区。可以选择"（A）dvanced Options"进入二级菜单，然后选择"Advanced Disk Instalation"进行分区的工作，如图 1-61 所示。

步骤 03 显示硬盘的列表，在该界面中，右边显示了所检测到的硬盘，左边为确认选项，如果确认选项无错，直接按【Enter】键即可，如图 1-62 所示。

步骤 04 进入分区格式的选择界面，此处要选择使用的操作系统类型。不同的操作系统，使用的磁盘格式也不同。现在使用最多的是 Windows XP 和 Windows 7，一般来说这两种系统都选择 FAT 32 的分区格式，如图 1-63 所示。

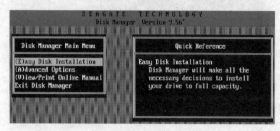

图 1-60　进入 DM 主画面

图 1-61　用"高级磁盘安装"进行分区

图 1-62　确认检测到的硬盘

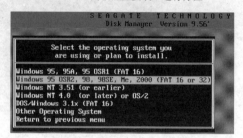

图 1-63　选择操作系统类型

步骤 05 弹出确认是否使用 FAT 32 格式的窗口。如果只使用 Windows 2000 和 Windows XP 两种系统，就可以选"（Y）ES"，如图 1-64 所示。

步骤 06 如果选"（Y）ES"，则进入图 1-65 所示的界面，进行分区大小的选择。DM 提供了一些自动的分区方式供用户选择，如果需要按照自己的意愿进行分区，则选择"OPTION（C）Define your own"。

图 1-64　确认选择

图 1-65　选择分区选项

步骤 07 输入分区的大小。首先输入主分区的大小，然后输入其他分区的大小。这个工作是不断进行的，直到硬盘所有的容量都被划分。此时如果对分区不满意，还可以通过下面提示的按键进行调整。例如，按【Del】键删除分区，按【N】键建立新的分区，如图 1-66 所示。

步骤 08 分区大小设定完成后，如果确定没有错误，要选择"Save and Continue"保存设置的结果，此时会出现红色提示窗口，再次确认设置，如果确定按【Alt + C】组合键继续，DM 会完成对分区的工作；否则按任意键回到主菜单，如图 1-67 所示。

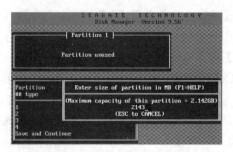

图 1-66 输入分区大小

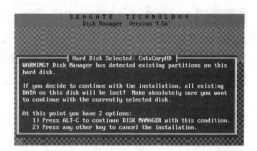

图 1-67 确认设置

步骤 09 弹出提示窗口和询问的窗口，首先询问是否进行快速格式化，除非硬盘有问题，建议选择"（Y）ES"，如图 1-68 所示。接着询问分区是否按照默认的簇进行，选择"（Y）ES"，如图 1-69 所示。

图 1-68 选择格式化方式

图 1-69 选择是否用默认方式

步骤 10 出现最终确认的窗口，选择确认，即可开始分区的工作，如图 1-70 所示。

此时 DM 开始分区的工作，如图 1-71 所示，速度很快，一会儿就可以完成。当然在这个过程中要保证系统不要断电。完成分区工作会出现一个提示窗口，不用理会，按任意键继续。这时 DM 对分区的操作全部完成，并同时完成对各个分区的快速格式化。

图 1-70 最终确认

格式化完成之后就会出现让重新启动的提示，如图 1-72 所示。虽然 DM 提示可以使用热启动的方式重新启动，但最好还是正常重启。重新启动之后就可以看到分区后的结果了。

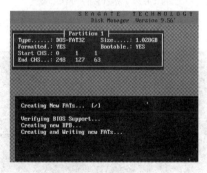

图 1-71 开始分区

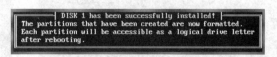

图 1-72 分区及络式化完成

（3）Windows XP 的安装。

中文版 Windows XP 的安装过程是非常简单的，它使用高度自动化的安装程序向导，用户不需要做太多的工作，就可以完成整个安装工作。其安装过程大概可分为收集信息、动态更新、准备安装、安装 Windows、完成安装 5 个步骤。

步骤 01 在 BIOS 中设置光盘启动，按【F10】键保存退出。重新启动计算机，当屏幕上出现"Press any Key to boot from CD"时，立即按任意一键。

步骤 02 对硬盘进行分区和格式化。做好安装前的准备工作之后，在光盘驱动器中放入中文版 Windows XP 的安装光盘，Windows XP 安装光盘引导系统并自动运行安装程序。安装程序运行后会出现"欢迎使用安装程序"的界面，按【Enter】键开始安装，如图 1-73 所示。

步骤 03 出现 Windows XP 的许可协议，按【F8】键同意，即可进行下一步操作，如果不同意，则按【Esc】键退出，如图 1-74 所示。

步骤 04 选择安装的分区。接着界面会显示硬盘中的现有分区和尚未划分的空间，在这里要用上下光标键选择 Windows XP 将要使用的分区，选定后按【Enter】键即可，如图 1-75 所示。

选定或创建好分区后，还需要对磁盘进行格式化。可使用 FAT（FAT 32）或 NTFS 文件系统来对磁盘进行格式化，建议使用 NTFS 文件系统。NTFS 文件系统是由 Microsoft 针对高性能硬盘所制定的一种新分区格式。该格式可支持 2TB 的独立分区，同时 NTFS 文件系统具备了分区压缩功能和数据还原功能。NTFS 文件系统最早是为 Windows NT 所开发的，之后又被 Windows 2000 和 Windows XP 所支持。

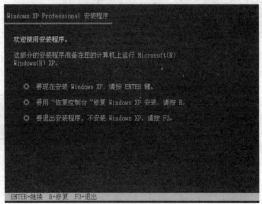

| 图 1-73　Windows XP 安装欢迎界面 | 图 1-74　软件许可协议 |

步骤 05 格式化完成后，安装程序即开始从光盘中向硬盘复制安装文件，如图 1-76 所示。

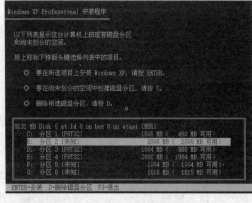
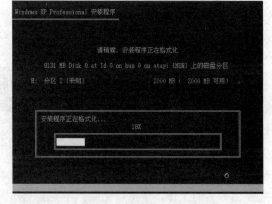

| 图 1-75　选择安装分区 | 图 1-76　复制安装文件 |

步骤 06 重新启动计算机，进入"安装 Windows"阶段，出现图形界面，如图 1-77 所示。左侧显示安装的步骤和安装所剩余的时间，整个安装过程基本上自动进行。

步骤 07 随后会出现一个产品密钥的界面，这个密钥一般附带在安装光盘的封面上，据实填写就可以了，然后单击"下一步"按钮，如图 1-78 所示。

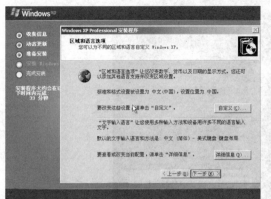

图 1-77　开始安装 Windows XP

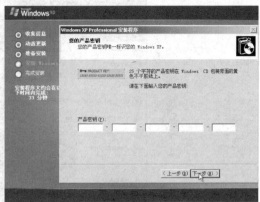

图 1-78　输入产品密钥

步骤 08 弹出图 1-79 所示的对话框。在此对话框的"计算机名"文本框中输入本计算机的名称，在下面两个密码文本框中输入两次一样的密码，此密码必须记住，因为装好系统后，再次进入系统时，必须输入正确的密码才能进入。

接下来要求设置日期和时间，可直接单击"下一步"按钮。以上完成后还要对网络进行设置，如果计算机不在局域网中可使用默认的设置，单击"下一步"按钮就可以了；如果是局域网中的用户，可在网络管理员的指导下安装。安装完成后系统会自动重新启动。这一次的重启是真正运行 Windows XP 了。不过第一次运行 Windows XP 时还会要求设置 Internet 和用户，并进行软件激活。Windows XP 至少需要设置一个用户账户，在"谁会使用这台计算机"文本框输入用户名即可，中文英文均可，如图 1-80 所示。

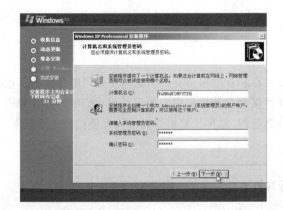

图 1-79　设置计算机名和管理员密码

图 1-80　设置一个用户账户

步骤 09 完成安装过程后，安装程序还会根据用户的显示器以及显卡的性能自动调整到最合适的屏幕分辨率，当再次启动计算机后，就可以登录到中文版 Windows XP 系统了，如图 1-81 所示。

图 1-81　登录到中文版 Windows XP 系统

 任务总结

通过以上过程我们可以看到，只要按照计算机硬件组装的步骤，掌握设备安装的细节，计算机组装是一件很容易的事情。同时，也只有当组装好计算机、安装 Windows 操作系统之后，计算机才可以为我们工作。

任务三　操作计算机

 任务描述

无论是用计算机工作或是娱乐，我们总是要保存和管理很多文件，这些文件可能是歌曲、也可能是数码照片，还可能是视频，不同类型的文件保存在计算机中，如何管理它们呢？在计算机中可以通过采用文件夹的方法对这些文件进行分类管理，掌握计算机资源的管理能提高工作效率。

 任务展示

利用"我的电脑"或"资源管理器"管理计算机资源，掌握文件夹（文件）的创建、选定、复制、移动、重命名、删除和搜索文件等操作。

 相关知识

文件就是用户赋予了名称并存储在磁盘上的信息的集合，它可以是用户创建的文档，也可以是可执行应用程序，或一张图片、一段声音等。文件夹是系统组织和管理文件的一种形式，是为方便用户查找、维护和存储文件而设置的，用户可以将文件分门别类地存放在不同的文件夹中。在文件夹中可存放所有类型的文件和下一级文件夹、磁盘驱动器及打印队列等内容。

任务实施

1. 设置文件和文件夹

（1）新建文件夹。

用户可以创建新的文件夹来存放具有相同类型或相近格式的文件。要创建新文件夹，可执行下列操作步骤。

步骤 01 双击"我的电脑"图标，打开"我的电脑"窗口，如图 1-82 所示。

步骤 02 双击要新建文件夹的磁盘，打开该磁盘。

步骤 03 选择"文件"→"新建"→"文件夹"命令，或右击窗口空白处，在弹出的快捷菜单中选择"新建"→"文件夹"命令，即可新建一个文件夹。

步骤 04 在新建的文件夹名称框中输入文件夹的名称，按【Enter】键或单击其他位置即可。

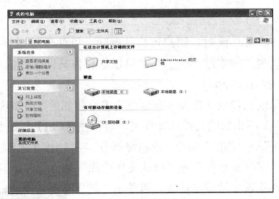

图 1-82 "我的电脑"窗口

（2）移动和复制文件或文件夹。

在实际应用中，有时用户需要将某个文件或文件夹移动或复制到其他位置以方便使用，这时就需要用到移动或复制命令。移动文件或文件夹就是将文件或文件夹放到其他位置，执行移动命令后，原位置的文件或文件夹消失并出现在目标位置；复制文件或文件夹就是将文件或文件夹复制一份，放到其他位置，执行复制命令后，原位置和目标位置均有该文件或文件夹。移动和复制文件或文件夹的操作步骤如下。

步骤 01 选择要进行移动或复制的文件或文件夹。

步骤 02 选择"编辑"→"剪切"或"复制"命令，或右键单击，在弹出的快捷菜单中选择"剪切"或"复制"命令。

步骤 03 选择"编辑"→"粘贴"命令，或右键单击，在弹出的快捷菜单中选择"粘贴"命令即可。

　　若要一次移动或复制多个相邻的文件或文件夹，可按住【Shif】键选择多个相邻的文件或文件夹；若要一次移动或复制多个不相邻的文件或文件夹，可按住【Ctrl】键选择多个不相邻的文件或文件夹；除非选择的文件或文件夹较少，否则先选中非选文件或文件夹，然后选择"编辑"→"反向选择"命令即可；若要选择所有的文件或文件夹，可选择"编辑"→"全部选定"命令或按【Ctrl＋A】组合键　。

（3）重命名文件或文件夹。

重命名文件或文件夹就是给文件或文件夹重新设置一个名称，使其可以更符合用户的要求。

重命名文件或文件夹的具体操作步骤如下。

步骤 01 选择要重命名的文件或文件夹。

步骤 02 选择"文件"→"重命名"命令，或右键单击，在弹出的快捷菜单中选择"重命名"命令。

步骤 03 这时文件或文件夹的名称处于编辑状态（蓝色反白显示，用户可直接输入新的名称，进行重命名操作。

也可在文件或文件夹名称处直接单击两次（两次单击间隔时间应稍长一些，以免变为双击操作），使名称处于编辑状态，输入新的名称进行重命名操作。

（4）删除文件或文件夹。

当不再需要某些文件或文件夹时，用户可将其删除，以便于对文件或文件夹进行管理。删除后的文件或文件夹被放到"回收站"中，用户可以选择将其彻底删除或还原到原来的位置。

删除文件或文件夹的操作如下。

步骤 01 选定要删除的文件或文件夹。若要选定多个相邻的文件或文件夹，可按住【Shift】键进行选择；若要选定多个不相邻的文件或文件夹，可按住【Ctrl】键进行选择。

步骤 02 选择"文件"→"删除"命令，或右键单击，在弹出的快捷菜单中选择"删除"命令。

步骤 03 弹出"确认文件夹删除"或"确认文件删除"对话框，如图 1-83 所示。

步骤 04 若确认要删除该文件或文件夹，可单击"是"
按钮；若不删除该文件或文件夹，可单击"否"按钮。

（5）删除或还原"回收站"中的文件或文件夹。

"回收站"为用户提供了一个安全的删除文件或文件夹
的解决方案，用户从硬盘中删除文件或文件夹时，Windows
XP 会将其自动放入"回收站"中，直到用户删除或还原其中的文件。

图 1-83 "确认文件夹删除"对话框

删除或还原"回收站"中文件或文件夹的操作步骤如下。

步骤 01 双击桌面上的"回收站"图标。

步骤 02 打开"回收站"窗口，如图 1-84 所示。

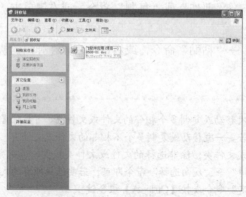

图 1-84 "回收站"窗口

步骤 03 若要删除"回收站"中所有的文件和文件夹，可选择"回收站任务"窗格中的"清空回收站"命令；若要还原所有的文件和文件夹，可选择"回收站任务"窗格中的"还原所有项目"命令；若要还原某个文件或文件夹，可选中该文件或文件夹，选择"回收站任务"窗格中的"还原此项目"命令；若要还原多个文件或文件夹，可按住【Ctrl】键，选定文件或文件夹然后将其还原。

 注意

删除"回收站"中的文件或文件夹，意味着将该文件或文件夹彻底删除，无法再还原；若还原"回收站"中的文件，则该文件夹将在原来的位置重建，并在此文件夹中还原文件；当"回收站"满后，Windows XP 将自动清除"回收站"中的部分文件，以存放最近删除的文件和文件夹。

也可以选中要删除的文件或文件夹，将其拖到"回收站"图标上进行删除。若想直接删除文件或文件夹，而不将其放入"回收站"中，可在拖到"回收站"图标上时按住【Shift】键，或选中该文件或文件夹，按【Shift+Delete】组合键。

（6）更改文件或文件夹属性。

文件或文件夹包含 3 种属性：只读、隐藏和存档。若将文件或文件夹设置为"只读"属性，则该文件或文件夹不允许更改和删除；若将文件或文件夹设置为"隐藏"属性，则该文件或文件夹在常规显示中将不被看到；若将文件或文件夹设置为"存档"属性，则表示该文件或文件夹已存档，有些程序用此选项来确定哪些文件需做备份。

更改文件或文件夹属性的操作步骤如下。

步骤 01 选中要更改属性的文件或文件夹，右击，选择快捷菜单中的"属性"命令。

步骤 02 在弹出的属性对话框中选择"常规"选项卡，如图 1-85 所示。

步骤 03 在该选项卡的"属性"选项组中选中需要的属性复选框。

步骤 04 单击"应用"按钮，弹出"确认属性更改"对话框，如图 1-86 所示。

步骤 05 在该对话框中可选中"仅将更改应用于该文件夹"或"将更改应用于该文件夹、子文件夹和文件"单选按钮，然后单击"确定"按钮，关闭该对话框。

步骤 06 在"常规"选项卡中，单击"确定"按钮即可应用该属性。

图 1-85 "常规"选项卡

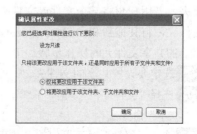

图 1-86 "确认属性更改"对话框

2．搜索文件和文件夹

有时用户需要查看某个文件或文件夹的内容，却忘记了该文件或文件夹存放的具体位置或具体名称，这时 Windows XP 提供的搜索文件或文件夹功能就可以帮用户查找该文件或文件夹。

搜索文件或文件夹的具体操作如下。

步骤 01 单击"开始"按钮，在弹出的菜单中选择"搜索"命令。

步骤 02 打开"搜索结果"窗口，如图 1-87 所示。

步骤 03 在"全部或部分文件名"文本框中输入文件或文件夹的名称。

步骤 04 在"文件中的一个字或词组"文本框中输入该文件或文件夹中包含的文字。

步骤 05 在"在这里寻找"下拉列表框中选择要搜索的范围。

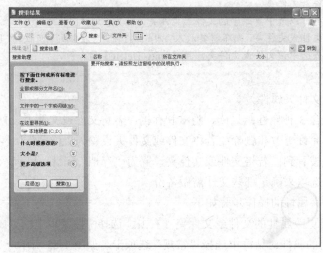

图 1-87　"搜索结果"窗口

步骤 06 单击"搜索"按钮，即可开始搜索，Windows XP 会将搜索的结果显示在"搜索结果"窗口右侧的空白框内。

步骤 07 若要停止搜索，可单击"停止搜索"按钮。

步骤 08 双击搜索后显示的文件或文件夹，即可打开该文件或文件夹。

3．设置共享文件夹

Windows XP 网络方面的功能设置更加强大，用户不仅可以使用系统提供的共享文件夹，也可以设置自己的共享文件夹，与其他用户共享自己的文件夹。系统提供的共享文件夹被命名为 Shared Documents。双击"我的电脑"图标，在"我的电脑"窗口中可看到该共享文件夹。若用户想将某个文件或文件夹设置为共享，则选定该文件或文件夹，将其拖到 Shared Documents 共享文件夹中即可。

设置自己的共享文件夹的操作步骤如下。

步骤 01 选定要设置共享的文件夹。

步骤 02 选择"文件"→"共享"命令，或右击，在弹出的快捷菜单中选择"共享"命令。

步骤 03 选择"属性"对话框中的"共享"选项卡，如图 1-88

图 1-88　"共享"选项卡

所示。

步骤 04 选中"在网络上共享这个文件夹"复选框，这时"共享名"文本框和"允许网络用户更改我的文件"复选框变为可用状态。用户可以在"共享名"文本框中更改该共享文件夹的名称；若取消选中"允许网络用户更改我的文件"复选框，则其他用户只能看该共享文件夹中的内容，而不能对其进行修改。

步骤 05 设置完毕后，单击"应用"按钮或"确定"按钮即可。

 在"共享名"文本框中更改的名称是其他用户连接到此共享文件夹时将看到的名称，文件夹的实际名称并没有改变。

4. 使用资源管理器

资源管理器可以以分层的方式显示计算机内所有文件的详细列表。使用资源管理器可以更加方便地实现浏览、查看、移动和复制文件或文件夹等操作，用户不必打开多个窗口，而只在一个窗口中就可以浏览所有的磁盘和文件夹。

打开"资源管理器"窗口的步骤如下。

步骤 01 单击"开始"按钮，打开"开始"菜单。

步骤 02 选择"所有程序"→"附件"→"Windows 资源管理器"命令，打开 Windows 资源管理器窗口，如图 1-89 所示。

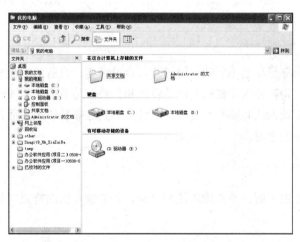

图 1-89 Windows 资源管理器窗口

步骤 03 在该窗口中，左侧的窗格显示了所有磁盘和文件夹的列表，右侧的窗格显示了选定的磁盘和文件夹中的内容。

步骤 04 在左侧的窗格中，若驱动器或文件夹前面有"+"号，表明该驱动器或文件夹有下一级子文件夹。单击"+"号可展开其所包含的子文件夹，当展开驱动器或文件夹后，"+"号会变成"－"号，表明该驱动器或文件夹已展开，单击"－"号，可折叠已展开的内容。例如，单击左侧窗格中"我的电脑"前面的"+"号，将显示"我的电脑"中所有的磁盘信息，选择共享自定义可以在网络上共享这个文件夹。

步骤 05 若要移动或复制文件或文件夹，可选中要移动或复制的文件或文件夹并右击，在弹出的快捷菜单中选择"剪切"或"复制"命令。

步骤06 单击要移动或复制到的磁盘前的加号，打开该磁盘，选择要移动或复制到的文件夹。

步骤07 右击，在弹出的快捷菜单中选择"粘贴"命令即可。

 注意
　　用户也可以通过右击"开始"按钮，在弹出的快捷菜单中选择"资源管理器"命令，或右击"我的电脑"图标，在弹出的快捷菜单中选择"资源管理器"命令来打开 Windows 资源管理器。

任务总结

　　资源管理器是 Windows 系统提供的资源管理工具，可以用它查看当前计算机的所有资源，特别是它提供的树形文件系统结构，使用户能更清楚、更直观地认识计算机的文件和文件夹，这是"我的电脑"所没有的。在实际的使用功能上，"资源管理器"和"我的电脑"是相同的，两者都是用来管理系统资源，也可以说都是用来管理文件的。另外，在资源管理器中还可以对文件进行各种操作，如打开、复制、移动等。

 任务四 录入技能训练

任务描述

　　要使用计算机，只靠鼠标是不行的，键盘输入也很重要，目前的键盘输入法种类繁多，而且新的输入法不断涌现，每种输入法都有自己的特点和优势。随着各种输入法版本的更新，其功能越来越强。目前的中文输入法有哪些？各有什么特点？到底哪种输入法适合自己使用呢？下面带着这些问题完成本任务的学习。

任务展示

　　对输入法有进一步的了解，熟知输入法的分类、各类输入法的特点，从而选择更适合自己的输入法。

相关知识

1. 输入法的分类

　　要将汉字输入计算机，就要使用汉字输入法，目前，汉字输入方法可分为两大类：键盘输入法和非键盘输入法。下面简单介绍这两类输入法。

（1）键盘输入法。

目前的中文输入法有以下几类。

① 对应码（流水码）：这种输入方法以各种编码表作为输入依据，因为每个汉字只有一个编码，所以重码率几乎为零，效率高，可以高速盲打，缺点是需要的记忆量极大，而且没有太多的

规律可言。常见的流水码有区位码、电报码、内码等，一个编码对应一个汉字。

这种方法适用于某些专业人员，如电报员、通信员等。在计算机中输入汉字时，这类输入法基本已经淘汰，只是作为一种辅助输入法，主要用于输入某些特殊符号。

② 音码：这类输入法是按照拼音规定来进行汉字输入的，不需要特殊的记忆，符合人的思维习惯，只要会拼音就可以输入汉字。但拼音输入法也有缺点：一是同音字太多，重码率高，输入效率低；二是对用户的发音要求较高；三是难于处理不认识的生字。例如，我国内地的全拼双音、双拼双音、新全拼、新双拼、智能 ABC、洪恩拼音、考拉、拼音王、拼音之星、微软拼音等；台湾地区的注音、忘型、自然、汉音、罗马拼音等；香港地区的汉语拼音、粤语拼音等。

这种输入方法不适用于专业的打字员，但非常适合普通的计算机操作者，尤其是随着一批智能产品和优秀软件的相继问世，中文输入进入了"以词输入为主导"的境界，重码选择已不再成为音码的主要障碍。新的拼音输入法在模糊音处理、自动造词、兼容性等方面都有很大提高，微软拼音输入、黑马智能输入等输入法还支持整句输入，使拼音输入速度大幅度提高。

③ 形码：形码是按汉字的字形（笔画、部首）来进行编码的。汉字是由许多相对独立的基本部分组成的，例如，"好"字由"女"和"子"组成，"助"字由"且"和"力"组成，这里的"女"、"子"、"且"、"力"在汉字编码中称为字根或字元。形码是一种将字根或笔画规定为基本的输入编码，再由这些编码组合成汉字的输入方法。

最常用的形码有中国内地的五笔字型、表形码、码根码等；台湾地区的仓颉、大易、行列、呒虾米、华象直觉等；香港地区的纵横、快码等。形码的最大的优点是重码少，不受方言干扰，只要经过一段时间的训练，中文字的输入效率会大大提高，因而这类输入法也是目前最受欢迎的一类。现在社会上，大多数打字员都用形码进行汉字输入，而且对普通话发音不准的南方用户很有帮助，因为形码中是不涉及拼音的。形码的缺点就是需要记忆的东西较多，长时间不用会忘掉。

④ 音形码：音形码吸取了音码和形码的优点，将二者混合使用。常见的音形码有郑码、钱码、丁码等。自然码是目前比较常用的一种混合码。这种输入法以音码为主，以形码作为可选辅助编码，而且其形码采用"切音"法，解决了不认识汉字的输入问题。自然码 6.0 增强版保持了原有的优秀功能新增加的多环境、多内码、多方案、多词库等功能，大大提高了输入速度和输入性能。

这种输入法的特点是速度较快，不需要专门的培训，适合对打字速度有一定要求的非专业打字人员使用，如记者、作家等。相对于音码和形码，音形码使用的人还比较少。

⑤ 混合输入法：为了提高输入效率，某些汉字系统结合了一些智能化的功能，同时采用音、形、义多途径输入。还有很多智能输入法把拼音输入法和某种形码输入法结合起来，使一种输入法中包含多种输入方法。

以万能五笔为例，它包含五笔、拼音、中译英、英译中等多种输入法。全部输入法只在一个输入法窗口中，不需要用户来回切换。如果会拼音，就打拼音；会英语，就打英语；如果不会拼音不会英语，还可以打笔画；还有拼音＋笔画，为用户考虑得很周到。

（2）非键盘输入法。

无论多好的键盘输入法，都需要使用者经过一段时间的练习才可能达到基本要求的速度，用户的指法必须很熟练才行，对非专业计算机使用者来说，多少会有些困难。因此，现在有许多人想另辟蹊径，不通过键盘而通过其他途径，省却这个练习过程，让所有人都能轻易地输入汉字。我们把这些输入法统称为非键盘输入法，它们的特点就是使用简单，但都需要特殊设备。非键盘输入方式无非是手写、听、听写、读听写等方式。但由于组合不同、品牌不同，形成了林林总总的产品，大致分为手写笔、语音识别、手写加语音识别、手写语音识别加 OCR 扫描阅读器几类。

2．如何选择输入法

目前的输入法有国标码与区位码、全拼双音输入法、双拼双音输入法、新拼音输入法、智能 ABC、搜狗输入法、微软拼音输入法、五笔字型输入法、拼音加加输入法、紫光拼音输入法、万能码输入法、智能五笔输入法、绿色拼形输入法、自然码输入法、21 世纪输入法等。一般来讲，非专业打字人员可以选择简单的音码，专业打字人员应选择形码，对打字速度有一定要求的非专业打字人员可以采用音码或音形码。

 任务实施

1．掌握搜狗拼音输入法

搜狗拼音输入法（简称搜狗输入法、搜狗拼音）是搜狐公司推出的一款汉字拼音输入法软件，是目前国内主流的拼音输入法之一，号称是当前网上最流行、用户好评率最高、功能最强大的拼音输入法。搜狗输入法与传统输入法不同的是，它采用了搜索引擎技术，是第二代的输入法。由于采用了搜索引擎技术，输入速度有了质的飞跃，在词库的广度、词语的准确度上，搜狗输入法都远远领先于其他输入法。

搜狗拼音输入法的规则如下。

（1）全拼。

全拼输入是拼音输入法中最基本的输入方式。只要用【Ctrl + Shift】组合键切换到搜狗输入法，在输入窗口中输入拼音，然后依次选择所要字或词即可。可以用默认的翻页键【PageUp】、【PageDown】来进行翻页。

全拼模式：

（2）简拼。

简拼输入是输入声母或声母的首字母来进行输入的一种方式，有效地利用简拼，可以大大提高输入的效率。

简拼模式 1：

简拼模式 2：

（3）双拼。

双拼是用定义好的单字母代替较长的多字母韵母或声母来进行输入的一种方式。例如，如果 T = t，M = ian，输入两个字母"TM"就会输入拼音"tian"。使用双拼可以减少击键次数，但需要记忆字母对应的键位，熟练之后效率会有一定的提高。

如果使用双拼，要在设置属性窗口中把双拼选上。

特殊拼音的双拼输入规则有：对于单韵母字，需要在前面输入字母 O＋韵母 O。例如，输入→OAA，输入 OO→O，输入 OE→E。而在自然码双拼方案中，与自然码输入法的双拼方式一致，对于单韵母字，需要输入双韵母。例如，输入 AA→A，输入 OO→O，输入 EE→E。

2．搜狗拼音输入法的使用

（1）使用简拼。

搜狗输入法现在支持的是声母简拼和声母的首字母简拼。例如，只要输入"zhly"或者"zly"就可以输入"张靓颖"。而且，搜狗输入法支持简拼、全拼的混合输入。例如，输入"srf"、"sruf"、"srfa"都可以得到"输入法"。

请注意：这里的声母的首字母简拼的作用和模糊音中的"z、s、c"相同，但是，即使没有选择设置中的模糊音，同样可以用"zly"输入"张靓颖"。有效地用声母的首字母简拼可以提高输入效率，减少误打。例如，输入"指示精神"这几个字，如果输入传统的声母简拼，只能输入"zhshjsh"，需要输入的字母太多，而且多个 h 容易造成误打，而输入声母的首字母简拼——"zsjs"能很快得到想要的词。

（2）中英文切换输入。

输入法默认是按【Shift】键就切换到英文输入状态，再按一次【Shift】键就会返回中文状态。单击状态栏上的中字图标也可以进行切换。

除了按【Shift】键切换以外，搜狗输入法也支持按【Enter】键输入英文，和 V 模式输入英文。在输入较短的英文时使用，能省去切换到英文状态下的麻烦。具体使用方法是：先输入英文，直接按【Enter】键即可。

V 模式输入英文：先输入"V"，然后再输入要输入的英文，可以包含@、＋、*、−等符号，然后按【Space】键即可。

（3）修改候选词的个数。

【案例 1】5 个候选词。

【案例 2】8 个候选词。

可以通过在状态栏上的右键菜单中选择"设置属性"→"外观"→"候选项数"选项来修改候选词的个数，选择范围是 3～9 个。

输入法默认的是 5 个候选词，搜狗输入法的首词命中率和传统的输入法相比已经大大提高，第一页的 5 个候选词能够满足绝大多数的输入。推荐选用默认的 5 个候选词，如果候选词太多会造成查找时的困难，导致输入效率下降。

（4）输入网址。

搜狗拼音输入法特别为网络设计了多种方便的网址输入模式，让用户能够在中文输入状态下就可以输入几乎所有的网址。目前的规则有：输入以 www.、htp：、ftp：、telnet：、mailo：等开头的网址时，自动识别并进入英文输入状态，后面可以输入如 www.sogou.com、ftp:// sogou.com 等类型的网址。

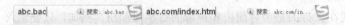

输入非 www.开头的网址时，直接输入，如 abC．abc 即可（但不能输入 abc23.abc 类型的网址，因为句号还被当做默认的翻页键）。

输入邮箱时，可以输入前缀不含数字的邮箱，如 leilei@sogou.com。

（5）使用自定义短语。

自定义短语是通过特定字符串来输入自定义好的文本，可以通过输入框上拼音串上的"添加短语"按钮，或者候选项中的短语项的"编辑短语"→"编辑短语"选项来进行短语的添加、编辑和删除。

设置自己常用的自定义短语可以提高输入效率，例如，使用 yx，1 = wangshi@sogou.com，输入 yx，然后按【Space】键就输入了 wangshi@sogou.com。使用 shz，1 = 13012345678，输入了 shz，然后按【Space】键就可以输入 13012345678。

自定义短语在设置窗口的"高级"选项卡中默认开启。单击"自定义短语设置"按钮即可，如图 1-90 所示。

也可以在"自定义短语设置"对话框中进行添加、删除、修改自定义短语的操作。经过改进后的自定义短语支持多行、空格及指定位置。

（6）设置固定首字。

搜狗拼音输入法可以帮助用户实现把某一拼音下的某一候选项固定在第一位，即固定首字功能。输入拼音，找到要固定在首位的候选项，将鼠标指针悬浮在候选词上之后，在弹出的菜单命令中选择"固定首位"命令即可，如图 1-91 所示。也可以通过上面的自定义短语功能来进行设置。

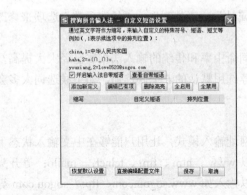

图 1-90 "搜狗拼音输入法-自定义短语设置"对话框　　　　图 1-91 选择"固定首位"命令

（7）快速输入表情及其他特殊符号。

搜狗拼音输入法为用户提供了丰富的表情、特殊符号库及字符画，不仅在候选项上可以选择，还可以单击右上方的提示，进入表情和符号输入专用面板随意选择自己喜欢的表情、符号、字符画，如图1-92所示。

3．输入法设置

（1）打开设置窗口。

可以单击状态栏上的"菜单"图标，或者在状态栏上右击，选择"设置属性"命令，即可打开设置窗口。输入法默认的设置一般都是效率最高、适合多数人使用的选项，推荐大家使用默认设置选项。

（2）"常规"选项卡。

输入风格：为充分照顾智能 ABC 用户的使用习惯，搜狗拼音输入法特别设计了两种输入风格，如图1-93所示。

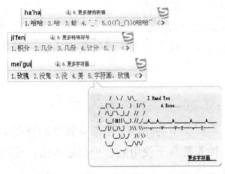

图 1-92　快速输入表情及其他符号　　　　图 1-93　两种输入风格

① 搜狗风格。

在搜狗默认风格下，候选项横向显示，输入拼音直接转换（元空格），启用动态组词，使用","或"。"翻页，候选项个数为 5 个。搜狗默认风格适用于绝大多数的用户，即使长期使用其他输入法直接改换搜狗默认风格也会很快上手。当更改为此风格时，将同时改变以上 5 个选项，当然，这 5 个选项可以单独修改，以适合自己的习惯。

② 智能 ABC 风格。

在智能 ABC 风格下，将使用候选项竖式显示，输入拼音空格转换，关闭动态组词，不使用","或"。"翻页，候选项个数为 8 个。智能 ABC 风格适用于习惯使用按【Space】键出字、竖向候选项等智能 ABC 的用户。当更改为此风格时，将同时改变以上 5 个选项，当然，这 5 个选项可以单独修改，以适合自己的习惯。

智能 ABC 风格是为广大的智能 ABC 用户所特别设计的输入风格，希望所有的用户使用起来更舒适、更流畅。

（3）拼音模式。

拼音模式如图 1-94 所示。

搜狗拼音输入法支持全拼、简拼、双拼方式。

① 全拼：全拼是指输入完整的拼音序列来输入汉字。例如，要输入"超级女声"可以输入"chaojinvsheng"。选中简拼，可以进行简拼和全拼的混合输入。要了解简拼，

图 1-94　拼音模式

请查看怎样使用简拼，选中"首字母简拼（如 z 表示 zh 等，a 表示 an 等）"复选框后，可以用"cjns"表示"超级女声"，此功能默认开启。

② 双拼：双拼是用定义好的单字母代替较长的多字母韵母或声母来进行输入的一种方式。例如，如果 T = t，M = ian，输入两个字母"TM"就会输入拼音"tian"。使用双拼可以减少击键次数，但需要记忆字母对应的键位，熟练之后效率会有一定的提高。

③ 选中"双拼展开提示"复选框后，会在输入的双拼后面给出其代表的全拼的拼音提示。选中"双拼下同时使用全拼"复选框后，双拼和全拼将可以共存输入。经过观察实验，两者基本上没有冲突，可以供双拼新手初学双拼时使用。

任务总结

通过本任务的学习，了解了各种汉字输入法，不同类型的输入方法都有独自的特点，适合自己的才是最好的。本任务所介绍的搜狗输入法是一种非常易于使用的音形码输入法，使用简单，输入效率高，只要运用得当，可迅速提高打字速度。

项目二

速制办公文档

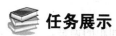 制作房屋租赁合同

任务描述

王大爷有一间房屋想要出租，但是不会写租赁合同，找到现在还在读大学一年级的小张同学帮忙，小张运用所学的计算机基础知识，利用 Word 文字处理软件，帮助王大爷制作了一份电子版的房屋租赁合同，王大爷看后非常高兴，这帮他解决了燃眉之急。

任务展示

该任务要制作一份房屋租赁合同（见图 2-1）。Word 拥有强大的文字处理能力，可以对文字进行字体、字号、对齐方式、段落间距、缩进和行间距等格式设置以及添加页面边框等。

图 2-1　"房屋租赁合同"样文

完成思路

首先录入房屋租赁合同的相关内容，然后再按照要求对合同整体文字进行相关的格式设置，设置好后通过打印预览进行格式检查，最后将完成的合同打印出来。

要制作出如图 2-1 所示的"房屋租赁合同"，主要由以下几个步骤构成。

1．新建一个 Word 文档，起名为"房屋租赁合同"。

2．输入合同所需的文字内容，并利用字符和段落格式化功能进行设置。

3．利用标尺设置文字的对齐方式。

4．为整个版面添加页面边框。

5．将设计好的"房屋租赁合同"打印出来。

 相关知识点

1．文字录入

在合同内容的录入过程中，要注意标点符号的使用和文字录入的准确性，不能出现错别字。

2．字符及段落格式化

对合同内容进行格式化，字体、字号、字符间距、缩进、段落间距和行间距的调整。

3．标尺的使用

标尺是一种特殊的工具，能够方便的对字符的对齐方式和页面边距进行设置，利用标尺将文字设置成要求的对齐方式。

4．页面边框

页面边框是指在页面四周的一个矩形边框，对整个页面起到一个修饰作用，一般由多种线条样式和颜色或者图形构成。

5．文档打印

编辑好的文档存入连接有打印机的计算机中，将 Word 软件打开，利用文件菜单中的打印选项进行打印。

操作步骤

1．Word 文档的建立

步骤 01 在桌面的空白处单击鼠标的右键，在快捷菜单中选择"新建"选项，找到 Word 文档，如图 2-2 所示。

步骤 02 将新建好的 Word 文档进行重命名操作，改名为"房屋租赁合同"，如图 2-3 所示。

图 2-2　建立新的 Word 文档　　　　　　　　图 2-3　给新 Word 文档命名

步骤 03 打开新建好的 Word 文档，观察其工作界面的构成，各部分的名称如图 2-4 所示。

图 2-4　Word 窗口

 注意　在编辑文档时应该养成经常保存的好习惯，以免因为死机或断电等原因造成数据的丢失。方法是单击"常用"工具栏上的保存按钮，或者在文件菜单 中选择保存选项。

2. 输入内容并进行字符和段落格式化

步骤 01 在刚刚建立的 Word 文档中输入合同的相关内容，在输入时要注意文字的准确性和标点符号使用的正确性，不能出现错别字的情况。在录入文字时应该注意，先不要调整字符和段落等相关格式，在输入完成后统一进行调整。

步骤 02 标题设置：宋体、三号字、加粗、居中对齐、字符间距加宽 10 磅以及段后距离 1 行。

设置字体、字号和对齐方式等操作时可以使用格式工具栏上的相应按钮来实现，如图 2-5 所示。

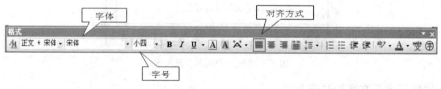

图 2-5 工具栏

设置字符间距，选择"格式"→"字体"→"字符间距"选项卡，在"磅值"混合文本框中输入相应的磅值，如图 2-6 所示。

设置段前段后间距，选择"格式"→"段落"→"缩进和间距"选项卡，在间距中的"段前"、"段后"混合文本框中输入相应的数值，如图 2-7 所示。

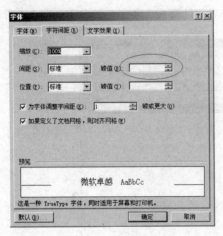

图 2-6 "字体"对话框

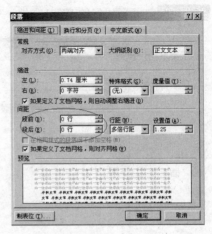

图 2-7 "段落"对话框

步骤 03 正文设置：正文中所有文字设置为"宋体、小四"、首行缩进"2 个字符"、"1.25 倍"行间距，最后的"甲乙双方签章和年月日"三段文字设置为段前间距 1 行，"年月日"靠右对齐。

设置首行缩进和 1.25 倍行距，选择"格式"→"段落"→"缩进和间距"选项卡进行相关的设置，首行缩进是缩进中的一种特殊格式，而不是左右缩进，如图 2-8 所示。

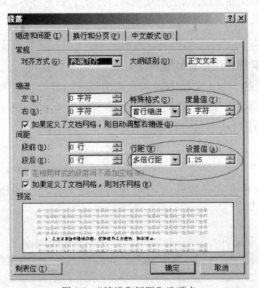

图 2-8 "缩进和间距"选项卡

3. 利用标尺设置文字的对齐方式

标尺使用：将"甲乙双方签章"这两段的文字，利用标尺设置对齐方式，位置为水平标尺上的"20"。

将这两段文字同时选中，用鼠标左键按住标尺上的"首行缩进"滑块，向右拖拽到标尺刻度为 20 处，如图 2-9 所示。

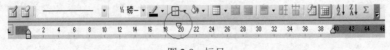

图 2-9 标尺

4．添加页面边框

添加页面边框：样式为方框，线条为第 9 个线型，线条宽度为 1.5 磅，应用于整篇文档。

添加页面边框，选择"格式"→"边框和底纹"→"页面边框"选项卡，根据要求设置页面边框，如图 2-10 所示。

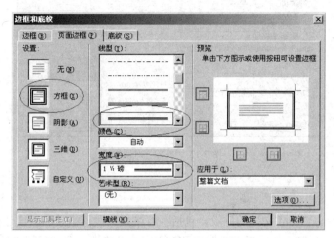

图 2-10 "边框和底纹"对话框

5．打印文档

步骤 01 打印预览：Word 强大的"所见即所得"给文档的打印工作提供了便利，为确保文档的打印效果，Word 提供了打印预览功能。可以使用"文件"菜单→"打印预览"命令，或者是使用"常用"工具栏上的"打印预览"按钮 📄，如图 2-11 所示。

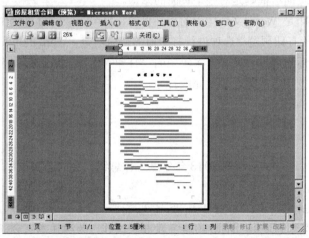

图 2-11 打印预览

步骤 02 打印文档：打印是进行文档处理工作的最终目的，在完成编辑排版后，经过打印预览查看文档的版式和内容，觉得满意后就可以进行打印了。打印可以选择"文件"菜单中"打印"选项，或者使用"常用"工具栏上的"打印"按钮 🖨。在打印窗口中设置好相关参数，如图 2-12 所示。

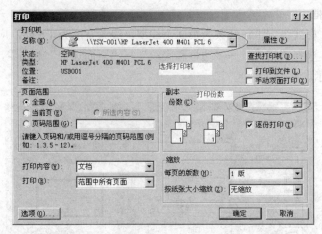

图 2-12 "打印"对话框

任务总结

该任务主要介绍了 Word 文档的排版,包括字符格式、段落格式和页面边框的设置方法。

首先是文字录入,在录入过程中要保证录入文字的准确性,和使用标点符号的正确性。录入过程中不用调整字体、字号或其他格式,等录入完成后统计调整。

其次是掌握字符和段落的格式化方法,会用到"格式"工具栏上的各种按钮和"格式"菜单中的"字体"以及"段落"两个选项。

第三是标尺的使用和页面边框的添加,标尺是 Word 中一个独特的小部件,可以方便的调整文字的对齐位置,而页面边框则是对整个页面的修饰。

最后是打印,打印是 Word 文档排版的最终目的,将电子版的材料转化到纸张上。可以先通过"文件"菜单中的"打印预览"选项进行打印前的最后检查,Word 的所见即所得功能减少了许多不必要的浪费,然后再通过"文件"菜单中的"打印"选项,进行打印的相关设置,包括打印页数、打印份数以及打印方式等,最后完成打印。

课后练习

制作会议通知单,如图 2-13 所示。

具体内容如下:

关于召开 2013 年年度工作总结大会的通知

学院各部门:

经领导班子研究决定,于 2014 年 1 月 25 日(星期一)下午 14:00 时,在行政楼一楼会议室召开 2013 年年度工作总结大会,部署 2014 年度相关工作,为确保本次会议的成功召开,现就有关事项通知如下:

一、本次会议届时有五位院领导参加。

二、学院各部门中层干部在会议上分别汇报各自部门的工作。

三、所有参会人员必须提前十分钟到达会场进行签到,14 时将准时召开会议。

四、要求参会人员必须做好本次会议记录,会后部门负责同志要及时将会议内容传达给部门人员。

五、各部门负责人（含）以上领导不得缺席本次会议，汇报工作时要求必须有书面汇报材料。各自书面汇报材料于1月25日上午9时前送交办公室进行复印。

六、会议汇报工作程序：酒店学院——旅游航空系——艺术设计系——商业管理系——办公室——后勤处——工会——保卫处。

七、各部门组织本部门全体人员参加本次会议，届时要做好出勤统计工作。

特此通知

学院办公室
2014年1月22日

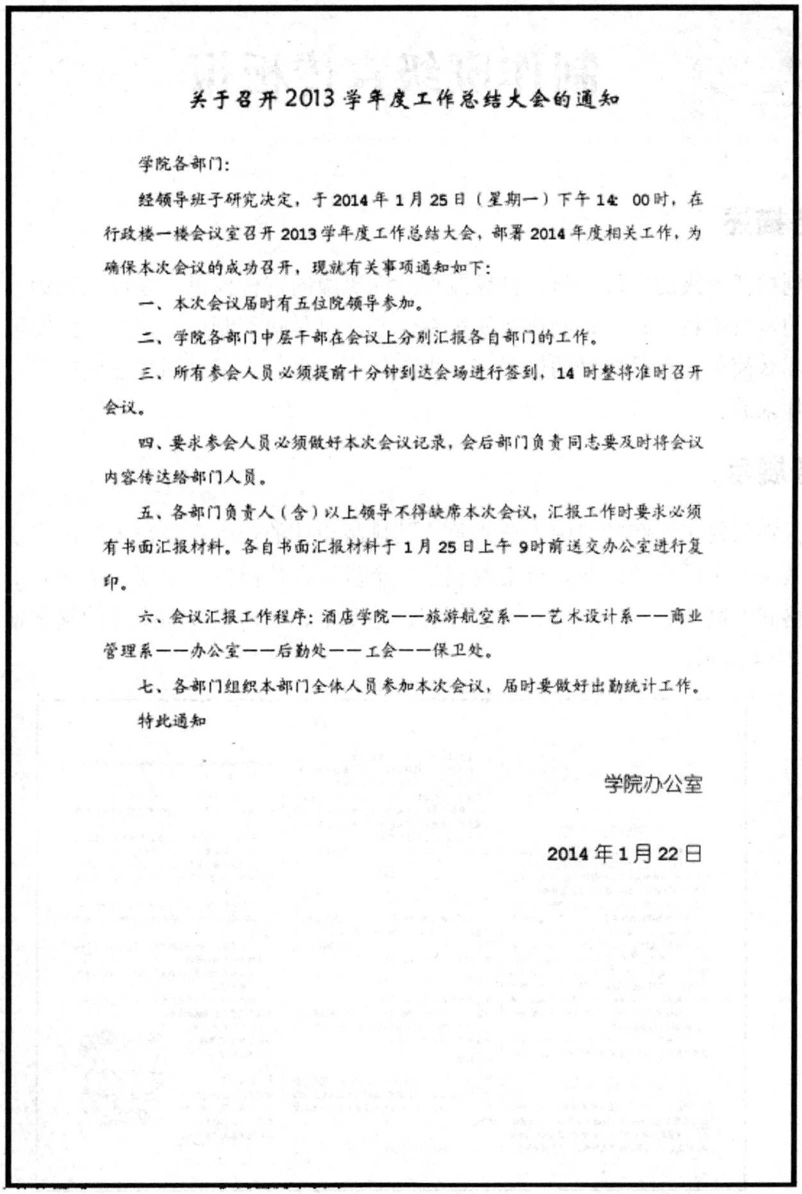

关于召开2013学年度工作总结大会的通知

学院各部门：

经领导班子研究决定，于2014年1月25日（星期一）下午14：00时，在行政楼一楼会议室召开2013学年度工作总结大会，部署2014年度相关工作，为确保本次会议的成功召开，现就有关事项通知如下：

一、本次会议届时有五位院领导参加。

二、学院各部门中层干部在会议上分别汇报各自部门的工作。

三、所有参会人员必须提前十分钟到达会场进行签到，14时整将准时召开会议。

四、要求参会人员必须做好本次会议记录，会后部门负责同志要及时将会议内容传达给部门人员。

五、各部门负责人（含）以上领导不得缺席本次会议，汇报工作时要求必须有书面汇报材料。各自书面汇报材料于1月25日上午9时前送交办公室进行复印。

六、会议汇报工作程序：酒店学院——旅游航空系——艺术设计系——商业管理系——办公室——后勤处——工会——保卫处。

七、各部门组织本部门全体人员参加本次会议，届时要做好出勤统计工作。

特此通知

学院办公室

2014年1月22日

图2-13　会议通知单

操作要求：

（1）新建一个 Word 文档，起名为"2013 年年度工作总结大会通知"。

（2）将上面素材内容输入到新建的 Word 文档中，注意录入文字的准确性和标点符号的正确性。

（3）标题设置为"华文新魏、三号、居中对齐"，段后间距"1 行"。

（4）正文所有内容从"学院各部门"开始到"特此通知"，设置为"楷体 GB_2312、小四"，首行缩进"2 个字符"，1.5 倍行间距。

（5）将"学院办公室"和日期这两行文字设置为"幼圆、四号、右对齐"，段前间距"15 磅"。

（6）添加页面边框，按照样例所示添加页面边框，样式为"方框"，宽度为"3 磅"。

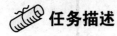 制作班级宣传板报

任务描述

　　小王刚刚担任班级的宣传委员，打算制作一期班级的宣传板报，经过几天的准备，他已经收集好了相关的素材资料，刚开始制作时还很有信心，可是随着制作的深入，他发现板报的制作并不是想象的那么简单，有些想好的格式怎么也制作不出来，文字和图片也变的越来越不听话，小王只得向老师求助了。

任务展示

　　宣传板报在日常工作和学习中十分常见，其排版设计的难度不是很大，但更要注重的是整体布局、艺术效果和个性化的创业。该案例制作一个班级宣传板报，主要介绍 Word 中页面的基本设置，字符格式的高级设置、分栏、首字下沉、艺术字、艺术横线和图片的基本使用，本任务的效果图如图 2-14 所示。

图 2-14　班级宣传板报

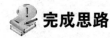 **完成思路**

首先对页面进行设置，包括页边距的大小、纸张的方向和纸型的选择等，然后利用分栏将页面分成需要的几个部分，在将收集到的素材添加进去，最后对资料进行处理，包括首字下沉、艺术字、图片的插入以及艺术横线的使用等。

要实现如图 2-14 所示的班级宣传板报，主要有以下几个步骤。

1．新建 Word 文档，并对文档进行页面方向、页边距和纸型等设置。

2．将板报素材复制到 Word 文档中，并利用分栏将版面分成 3 个部分。

3．插入艺术字"宣传角"并设置相应的格式。

4．在样例所示的位置上插入艺术横线进行区域划分。

5．利用首字下沉，将第一个素材中第一段的"乞"字设置完成。

6．利用字符格式的设置完成添加着重号。

7．利用插入图片的方法，将样例所示的剪贴画插入进来。

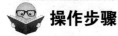 **相关知识**

1．页面设置

页面设置是指设置版面的纸张大小、页边距、页面方向等参数。

2．分栏

分栏是一种文档排版中常用的版式，在各种报纸和杂志中广泛应用。文字是逐栏排列的，填满一栏后才会转到下一栏，文档内容分列于不同的栏中。

3．首字下沉

首字下沉是一段文字开头的第一个下沉的一种格式设置，这个文字的字体、字号、颜色等都可以单独设置，这样使得整体效果更加灵动。

4．艺术字

艺术字是一种特殊的图形，它以图形的方式来展示文字，具有美术效果，能够美化版面。

5．艺术横线

艺术横线是图形化的横线，用于隔离板块美化整体版面。

6．图片

Word 文档中插入图片的使用，更加的丰富了版面的设计形式。

操作步骤

1．页面设置

上下页边距 2cm，左右页边距 1.5cm，纸张的方向为横向，纸型为 A4。

页面设置的操作方法，选择"文件"→"页面设置"→"页边距"和"纸张"选项卡，按照要求进行相关设置，如图 2-15 所示。

2．复制素材并分栏

将"班级板报素材"中的文字，复制到新建的 Word 文档中，选中所有的文字进行分栏操作。

分栏操作：将整篇文档分成 3 栏并加分隔线。

分栏的设置方法是，选择"格式"→"分栏"命令，按照要求设置分栏效果，如图 2-16 所示。

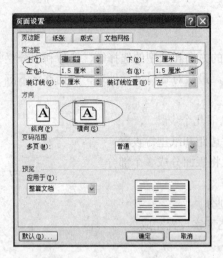

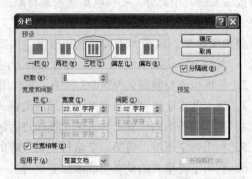

图 2-15 "页面设置"对话框　　　　　　　　图 2-16 "分栏"对话框

3. 插入艺术字"宣传角"

艺术字操作：插入艺术字，使用第 3 行第 4 列样式，字体为华文行楷，字号为 48，居中对齐。

插入艺术字的方法是，选择"插入"→"图片"→"艺术字"命令，如图 2-17 所示。在艺术字库中选择样式，之后设置字体、字号和对齐方式，如图 2-18 和图 2-19 所示。

图 2-17 选择"艺术字"子选项

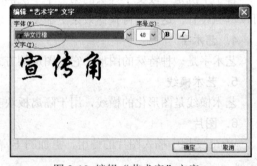

图 2-18 "艺术字库"对话框　　　　　　　图 2-19 编辑"艺术字"文字

4. 插入艺术横线

插入如样例中所示的艺术横线，用于划分区域。

插入艺术横线的做法是，单击"格式"→"边框和底纹"→"横线"按钮，选择所需要的艺术横线样式，单击"插入"按钮即可，如图 2-20 和图 2-21 所示。

5. 设置首字下沉

首字下沉操作：设置第一段文字"首字下沉"，下沉行数"2 行"，字体为"华文行楷"。

首字下沉的做法是，先将光标定位在第一段中，再选择"格式"→"首字下沉"命令，在所打开的对话框中位置选择"下沉"项，字体和行数按照相关参数进行设置，如图 2-22 所示。

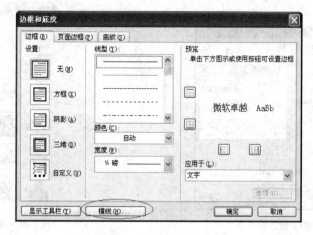

图 2-20　单击"横线"按钮

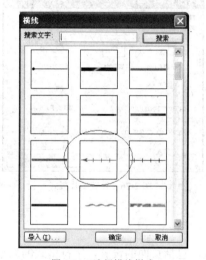

图 2-21　选择横线样式

图 2-22　"首字下沉"对话框

6．为文字添加着重号

将"信心让你变的杰出"、"把筐倒过来"、"幽默"和"21 世界女性十大热门职业"这四个标题设置为"华文彩云、三号、蓝色、加粗"，并给"把筐倒过来"添加着重号。

添加着重号的操作方法是，选择"格式"→"字体"→"着重号"选项框，选择"·"，如图 2-23 所示。

7．插入剪贴画

利用插入图片的方法，插入样例中所示的剪贴画，剪贴画的大小为"缩放80%"，版式为"四周型"，放到合适的位置上。

插入剪贴画的操作方法是，选择"插入"→"图片"→"剪贴画"命令，单击"搜索"按钮，在显示出来的剪贴画库中选择样例所示的图片，如图 2-24 所示。并对插入的图片格式进行设置，如图 2-25 和图 2-26 所示。

图 2-23 设置着重号　　　　　　　　　　　　　图 2-24 插入剪贴画

图 2-25 "设置图片格式"对话框　　　　　　　　图 2-26 设置图片版式

 任务总结

本任务主要是介绍 Word 文档中排版的高级设置，包括页面的设置，字符格式的高级设置，分栏、首字下沉和插入艺术字、艺术横线以及图片的使用。

首先，我们对新建好的 Word 文档进行页面格式的设置，包括页边距、页面方向和纸张的选择。这是我们进行 Word 操作的必备内容，必须第一步完成，不然，后面的设置就会因为页面的改变而发生很大变化。

然后，将素材中的文字内容复制过来，在对整体版面进行分栏设置，将整个版面分成三个部分，插入艺术字选择合适的样式和字体效果，并设置对齐方式，插入艺术横线，按照样例所示划分区域，利用首字下沉进行设置，最后在利用字符格式的高级设置添加着重号。这种排版设置本身不是很难，但是这样的案例要求整体效果的合理化和个性化。培养学生的整体布局能力和发挥学生的主观能动性，提倡学生进行个性化的创作。

最后，插入图片，本任务介绍的是插入剪贴画操作，另外还有一种是插入图片的操作，这两种操作方法使用都很广泛，都应该掌握，为进一步丰富和美化版面做好准备。

课后练习

《美丽的乌镇》格式排版，如图 2-27 所示。

1. 页面设置时页边距设置为上、下 2.5cm；左 、右 3cm。

美丽的乌镇

乌镇掠影

江南的梅雨季节，濛濛细雨淅沥沥地下个不停，一层层的水雾缭绕在空气中，道路两旁的水田、树林也笼罩在烟雨中，远处的市镇若隐若现。不多的时间等待后，一座青砖的牌楼终于出现在视野里，上面赫然刻着“乌镇”两个大字。

乌镇，一个有1300年建镇史的江南古镇。江南四大名镇之一。曾名乌墩和青墩，具有六千余年悠久历史。典型的江南水乡古镇，素有"鱼米之乡，丝绸之府"之称。地处浙江省嘉兴桐乡市北端，西临湖州市南浔区，北接江苏苏州吴江市，为浙江，江苏两省，嘉兴，湖州，苏州三市交界之处。十字形的内河水系将全镇划分为东南西北四个区块，当地人分别称之为"东栅、南栅、西栅、北栅。"

手擎着花伞轻轻地走进乌镇，穿过九曲回廊的一段小径，眼前是一片视野开阔的水面，淡绿色的河水悠悠地流淌，绵绵的雨丝轻柔地滴落在水面上，泛起一圈圈地涟漪，河中央一艘古老的木船，古风犹存。那桅杆、白帆不知道经历了多少年风雨的冲刷，依然静静地停靠在那里，让人产生无尽的遐想。

走在青石板铺成的狭窄小街上，看到两边各式各样的民居和仍住在民房中的乡民，让人有一种亲切自然的感觉。漫步于古镇绵延一里多长的石板小街上，仔细地倾听脚步在另一小巷上的回音。

乌镇钟灵毓秀，文人荟萃，人才辈出。从一千多年前中国最早的诗文总集编选者梁昭明太子，到中国最早的镇志编撰者沈平、著名的理学家张杨园、著名藏书家鲍廷博、晚清翰林严辰、夏同善。近、现代更有政治活动家沈泽民、银行家卢学溥、新闻学前辈严独鹤、旷代清才汤国梨、农学家沈骊英、著名作家孔另境、海外华人文化界传奇大师孙木心等等都来自乌镇。

-1-

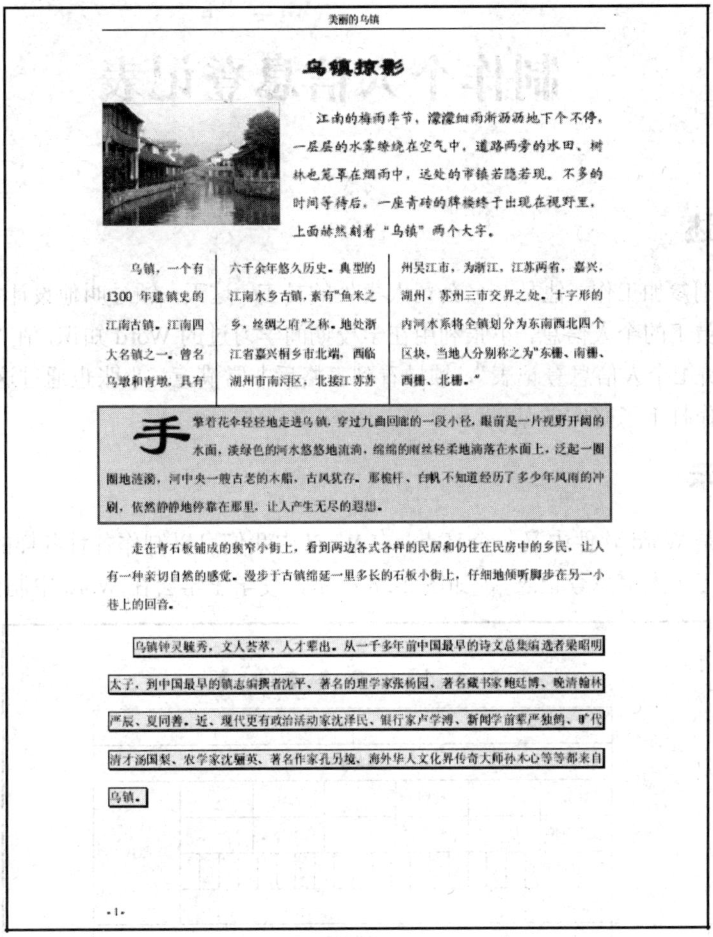

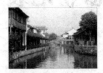

图 2-27 “美丽的乌镇”样文

2．设置页眉、页脚的要求如下。

（1）插入页眉：插入文字“美丽的乌镇”，设置文字格式为“居中对齐”；

（2）插入页脚：在页脚处添加页码-1-、-2-、……，设置页码为右对齐。

3．将标题设置为居中对齐，段后 1 行；设置字体为“隶书、加粗、二号、蓝色”，字符间距“加宽 3 磅”、加“双下划线”，颜色“红色”。

4．所有段落设置为首行缩进“2 个字符”，“1.5 倍行距”，段后间距“0.5 行”。

5．将第 1 段设置为“楷体、小四、阴影效果”。

6．将第二段设置为 3 栏，第 1 栏宽“8 字符”，第 2 栏宽“12 字符”，栏间距为“2.02 字符”，加分隔线；给第 2 段文字添加着重号。

7．为第 3 段文字添加边框和底纹（应用范围都是段落），边框为红色 1.5 磅实线，底纹为填充灰“-15%”；设置首字下沉：下沉“2 行”，“隶书”。

8．给第 5 段文字添加边框和底纹（应用范围都是文字），边框为“阴影样式”，颜色为“自动”、宽度为“1 磅”，底纹颜色为“浅青绿色”。

9．在文中插入图片“乌镇”环绕方式为“四周型”；图片大小设置为等比例“缩放 40%”。

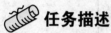

任务三 制作个人信息登记表

任务描述

小张今年刚刚参加工作，他是一名公司人事处的员工。这天，领导叫他设计并制作一份表格，内容是统计公司员工的个人信息，小张利用在学校期间学习过的 Word 知识，在 Word 文档中设计并制作了一份"员工个人信息登记表"，领导看到表格后非常满意，小张也通过这次任务增强了信心，为今后的工作打下了坚实的基础。

任务展示

表格的制作是 Word 软件中又一个亮点，在 Word 中我们可以制作各种各样的表格。本案例就是通过制作"员工个人信息登记表"，如图 2-28 所示，使学生学会在 Word 中制作表格的方法。

图 2-28 "员工个人信息登记表"样文展示

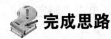 **完成思路**

在 word 中制作表格，可以使用"表格"菜单或者利用"表格和边框"工具栏来完成相关操作。表格的插入有两种方法，绘制表格法和插入表格法，这两种方法各有优缺点，至于选择哪种方法要根据实际情况而定。表格插入后，先利用表格属性，来设置表格的行高和列宽，再利用"表格和边框"工具栏上"合并单元格"和"拆分单元格"按钮，来完成表格内部的结构设置，最后利用表格边框工具栏上的"文字对齐"按钮来调整表格中文字的对齐方式。

"员工个人信息登记表"具体制作过程如下。

1．利用"插入表格"法，完成表格的插入工作。

2．利用表格的属性来设置表格的行高和列宽。

3．利用单元格的合并和拆分按钮，来完成表格的内部结构设置。

4．利用"文字对齐"按钮，调整表格内文字的对齐方式。

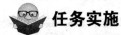 **相关知识**

1．插入表格

利用"绘制表格"法或者"插入表格"法，完成表格的插入，这里以"插入表格"法为例进行操作。

2．表格属性

使用表格菜单中的表格属性选项，来完成表格的行高和列宽的设置，使表格整体布局更加合理。

3．单元格的合并和拆分

利用"表格和边框"工具栏上的"单元格合并"按钮和"单元格拆分"按钮，来完成表格的内部结构设置，使表格的结构能够满足使用要求。

4．单元格内的文字对齐方式

先在表格内输入相关文字，在利用"表格和边框"工具栏上的"文字对齐"按钮，来调整表格内文字的对齐方式，使表格看上去更加的清晰和规范。

 任务实施

1．输入标题并插入表格

输入标题"员工个人信息登记表"，设置字体为"华文新魏、小二、加粗、居中对齐"，字符间距"加宽 5 磅"以及段后间距"0.5 行"。

插入表格：插入一个 20 行 6 列的表格

若设置完标题的字符格式后，在按回车插入表格的话，要在插入表格前清除一下格式，保证插入的表格为标准表格，如图 2-29 所示。这样，后续才能利用表格属来性设置行高和列宽。

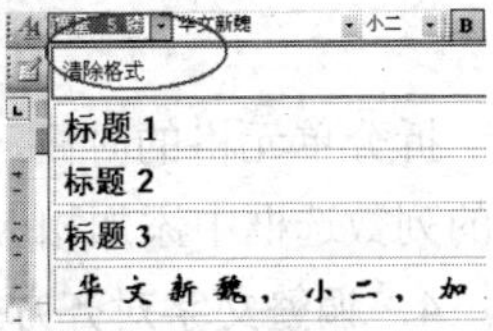

图 2-29 清除格式

插入表格的操作方法，利用"表格和边框"工具栏上的"插入表格"按钮（见图 2-30），或者选择"表格"→"插入"→"表格"命令，在打开的对话框中输入行数和列数，单击"确定"按钮，完成插入表格工作，如图 2-31 所示。

图 2-30　工具栏上的"插入表格"按钮

2. 设置行高和列宽

设置表格的前 19 行的行高为 1cm，最后一行的行高为 3cm，所有列宽为 2.5cm。

行高和列宽的设置方法，选中前 19 行，选择"表格"→"表格属性"→"行/列"选项卡，在相应位置进行设置，如图 2-32 所示。

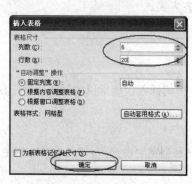

图 2-31　"插入表格"对话框

图 2-32　"表格属性"对话框

3. 单元格的合并与拆分

按照样例所示的内部结构，利用"合并单元格"按钮和"拆分单元格"按钮，完成内部结构的设置。

注意　"合并单元格"按钮至少要选择两个单元格的时候才能使用，"拆分单元格"按钮只要有一个单元格就可以使用，如图 2-33 和图 2-34 所示。

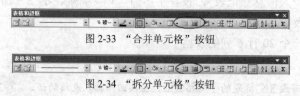

图 2-33　"合并单元格"按钮

图 2-34　"拆分单元格"按钮

拆分单元格的时候，需要拆分成多少个单元格，则在拆分对话框中的列数选框中添加相应的列数即可，如图 2-35 所示。

4. 调整文字对齐方式

按照样例所示，输入表格中的文字内容，字体为"宋体"，字号为"小四"，其中"基本情况"、"联系方式"、"紧急情况联系人"和"教

图 2-35　"拆分单元格"对话框

育经历"这四处文字设置加粗。将第一行中的"部门/分公司"和"员工编号"设置为中部两端对齐，最后一行中的"在校期间担任过的职务："设置为靠上两端对齐，其他文字设置为中部局中对齐。

　　文字对齐方式的设置，利用"表格和边框"工具栏上的"文字对齐方式"按钮，按照要求进行设置即可，如图 2-36 所示。

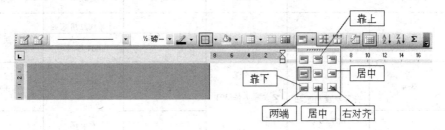

图 2-36　文字的对齐方式

任务总结

　　本任务教给学生们在 Word 中制作表格的基本技巧，包括表格的插入、表格行高列宽的设置、表格内部结构的制作和表格内文字的对齐方式。

　　首先，在 Word 中插入表格有两种方式，绘制表格法和插入表格法，它们各有优缺点，需要我们根据不同的情况选择使用。

　　其次，使用表格属性来设置行高和列宽，利用单元格合并和拆分按钮来设置内部结构，以及使用表格和边框工具栏上的文字对齐按钮，来设置单元格中文字的对齐。这些都是 Word 中制作表格的一些基本操作，还有表格边框的设置以及底纹的添加等高级操作，将在后面的案例中进行介绍和训练。

　　最后，表格的整体布局调整，表格的单元格设置、文字的字体及大小、表格本身的对齐方式等，这些都是决定这个表格整体效果的重要因素，因此，我们不仅要重视表格的基本操作，还要注重整体版式的设计，这样才能够制作出完美的工作表格。

课后练习

制作《班级课程表》，如图 2-37 所示。

1．新建一个 Word 文档，起名为班级课程表。

2．设置 Word 文档的页面，上下页边距 1.5cm，左右 2.45cm，页面方向为"横向"。

3．输入标题"×××班级课程表"，设置字体为"华文新魏、二号、居中对齐"、加"双下划线"以及设置字符间距"加宽 10 磅"。

4．在第二行内输入"执行日期　　年　　月　　日"，字体设置为"幼圆"、"四号"。

5．插入一个 6 行 6 列的表格，第一行的行高设置为"1.5cm"，其他几行的行高设置为"2.5cm"。

6．按照样例输入表格中的文字，文字的字体为"楷体_GB2312"、字号为"四号"，对齐方式为"中部居中"。

7．在表格下一行添加文字"教务处"，字体为"幼圆"，字号为"四号"，对齐方式为"右对齐"。

ＸＸＸ 班 级 课 程 表

执行日期： 年 月 日

节数/星期	星期一	星期二	星期三	星期四	星期五
1-2	高等数学		大学语文	计算机应用基础 607 机房	大学英语
3-4	计算机应用基础 607 机房	专业课 2 号实训楼 301	大学英语		大学语文
5-6			社团活动课	专业课 2 号实训楼 301	
7-8	大学体育	班团活动			周末放假
晚自习	专业课训练	自习	大学讲堂	专业课训练	

教务处

图 2-37 "班级课程表"样文

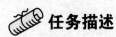

制作求职简历

任务描述

小李就要大学毕业了，在去参加招聘会之前，他想要制作一份求职简历。他很清楚，在当今这个竞争激烈的社会环境中，除了要有过硬的知识储备和工作能力外，还应该让人尽快了解自己。而制作一份精美的求职简历，无疑是自己留给别人的第一印象。所以毫不夸张的说，求职简历制作的好坏，将直接影响到自己的命运。小李不敢怠慢，经过不懈努力终于制作出一份满意的求职简历。

任务展示

本任务为制作一份求职简历，综合运用 Word 中的文字处理功能，图文混排和表格设计制作功能。包括字符格式和段落格式的设置、图片的插入、表格的格式化设置、背景的使用、页面设置及页面边框等操作。效果如图 2-38 所示。

图 2-38　"求职简历"样文

 完成思路

　　想要制作一份精美的求职简历，首先要为简历设计一张漂亮的封面，封面最好是用图片或者艺术字进行修饰和点缀。接下来我们要准备一份自荐书，将自己的个人学习经历以及自身特长等情况描述清楚，根据自荐书的内容多少，适当的调整字体、字号、段落格式等。最后设计一张个人履历表，包括基本信息、联系方式、毕业院校、技能特长等情况，使用人单位能够一目了然的获得需要的信息，为自己的求职简历加分。

　　要制作出如图 2-38 所示的"求职简历"，主要有以下几个步骤。

　　1．在新建的 Word 文档中利用插入分隔符的方法插入三页空白文档。

　　2．制作封面，在第一页中插入图片"封面"，并在下面输入姓名、专业等相关信息。

　　3．自荐书格式设置，将素材中的自荐书文字复制进来，并插入文本框，在文本框内设置文字格式。

　　4．在第三页中制作"个人履历表"，通过插入表格的方法插入表格，利用属性选项设置格式，最后输入表格中的内容。

 相关知识

1．插入分隔符

　　插入分隔符可以给新建的 Word 文档添加页面，通过分隔符的使用，也可以将一篇文档进行分节处理，为后面单独处理某一部分内容做准备。

2．设置图片版式

　　对插入 Word 中的图片进行版式的设置，可以根据需要灵活的安排图片的位置和作用。例如嵌入型一般用于封面制作，四周型或者紧密型一般用于文字内容中，衬于文字下方一般可以用于制作背景效果。

3．插入文本框

　　文本框是 Word 中可以放置文本的容器，使用文本框可以将文字放置在页面中的任意位置。文本框也是一种图形对象，因此可以为文本框设置边框格式、填充效果、添加阴影等，对文本框中的文字也可以设置字符和段落格式。

4．项目符号和编号

项目符号和编号可以为文字添加标号，使文字排列更加规范，版式更加灵活新颖，同时项目编号可以自动生成序号，为我们的排版减少工作量。

任务实施

1．插入空白页

新建 Word 文档并起名为"求职简历"，在文档中利用插入分隔符的方法插入 3 页空白页。

插入分隔符的使用方法，选中"插入"→"分隔符"→"分隔符类型"→"分页符"单选按钮，如图 2-39 所示。

2．制作封面

在第 1 页中插入图片"封面"，并设置为"居中对齐"

插入图片的方法，选择"插入"→"图片"→"来自文件"命令，打开"插入图片"对话框，如图 2-40 所示。

图 2-39　"分隔符"对话框

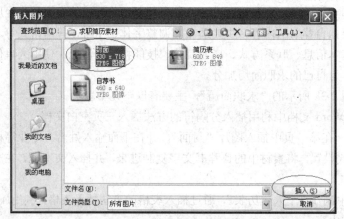

图 2-40　"插入图片"对话框

在图片下方输入"姓名"、"专业"等文字，设置为"华文新魏、三号、加粗"，并利用下划线按钮制作后面的横线，利用标尺将"毕业学校"和"联系电话"两项调整到横向标尺"22"处。

文字格式的设置可以使用格式工具栏，如图 2-41 所示。

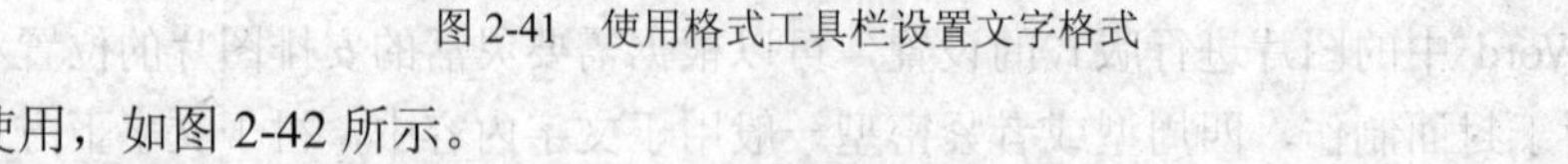

图 2-41　使用格式工具栏设置文字格式

标尺的使用，如图 2-42 所示。

图 2-42　使用标尺

3．自荐书格式设置

步骤 01 将文字从"求职简历素材"中复制过来，粘贴在第 2 页上，在"求职人：小李"后面插入日期和时间并设置自动更新，如图 2-43 所示。

步骤 02 插入横排文本框，将文字置于文本框中，设置全文的格式为"楷体 GB_2312、小四"，首行缩进"2 个字符"和 1.1 倍行间距，设置 "尊敬的领导"、"求职人：小李"和日期三段文字为"幼圆、四号"，求职人和日期设置为"右对齐"，将"尊敬的领导"和"此致"的首行缩进取消。

将文字置于文本框中的方法，先选中文字，再选择"插入"→"文本框"→"横排文本框"命令，将所选文字插入到文本框中，如图 2-44、图 2-45 所示。

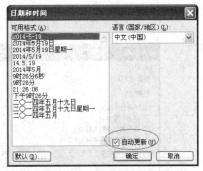

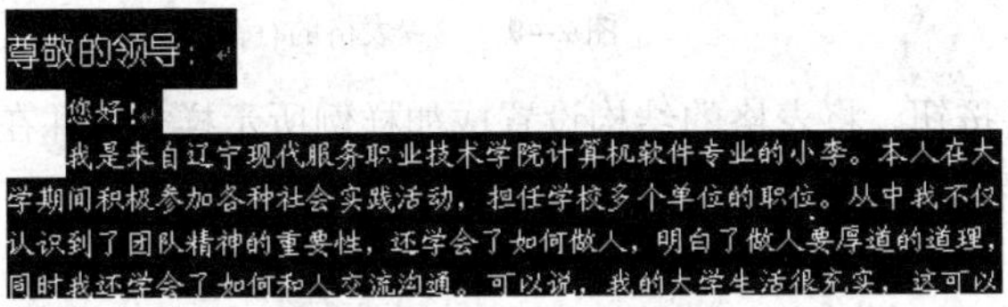

图 2-43 "日期和时间"对话框

图 2-44 插入的文本

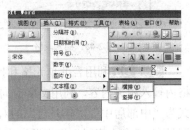

图 2-45 插入横排文本框

步骤 03 插入图片"自荐书"，并将图片的版式设置为"衬于文字下方"，并调整图片的大小，使其正好覆盖整个页面，将其作为背景使用，如图 2-46 所示。

步骤 04 设置文本框的填充颜色和边框颜色均为"无颜色"，并将文本框放置在一个合适的位置，使其达到样例中的效果，如图 2-47 所示。

图 2-46 设置图片"衬于文字下方"

图 2-47 设置文本框颜色

4．制作个人履历表

步骤 01 输入标题"个人履历表"并设置格式为"华文新魏、二号、加粗、蓝色、居中对齐"，字符间距"加宽 10 磅"，段后间距"0.5 行"。

步骤 02 插入表格，插入一个 19 行 5 列的表格，利用表格属性设置行高，7 行、10 行和 19 行设置行高为 2cm，其余各行的行高为 1cm。如图 2-48、图 2-49 所示。

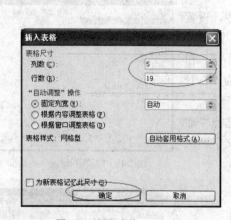

图 2-48 插入表格

图 2-49 设置表格的行高

步骤 03 利用合并单元格和拆分单元格按钮，将表格的结构设置成如样例所示样式，并在表格内输入相关内容，利用文字方向将照片设置为"纵向"。表格中所有文字（除年月日外）对齐方式为"中部居中"，"年月日"的对齐方式为"靠下"、"右对齐"。所有文字的字体为"宋体"，小四号字，"个人资料"等标题文字加粗。

表格内部结构设置，利用拆分和合并按钮（见图 2-50）设置内部结构。

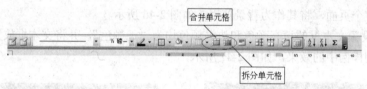

图 2-50 工具栏上的合并单元格和拆分单元格按钮

设置文字方向时，选择"格式"→"文字方向"命令，在"文字方向-主文档"对话框中选择需要的文字方向，如图 2-51 所示。

设置文字的对齐方式时，使用表格边框工具栏上的文字对齐按钮，如图 2-52 所示。

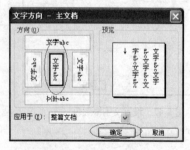

图 2-51 设置文字方向

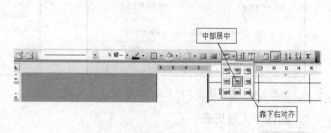

图 2-52 设置文字对齐方式

步骤 04 使用"项目符号"功能，给专业课程中的文字添加项目符号"📖"，并设置对齐方式为中部两端对齐。

插入项目符号的方法是，选择"格式"→"项目符号和编号"命令，打开如图 2-53 所示的对话框。

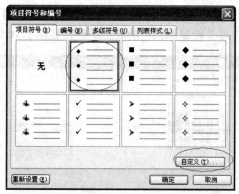

图 2-53 "项目符号和编号"对话框

如果项目符号中没有"📖"这个图标，则任意选择一个后，单击"自定义"按钮，在新打开的"自定义项目符号列表"对话框（见图-54）中单击"字符"按钮，在打开的"符号"对话框中（见图 2-55）中选择合适的符号即可。

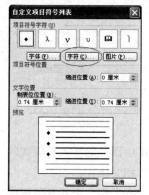

图 2-54 "自定义项目符号列表"对话框

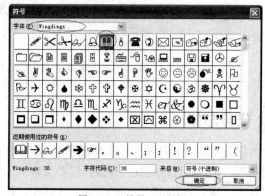

图 2-55 "符号"对话框

步骤 05 表格的边框和底纹设置为外边框为边框线样式中的第 9 个，宽度为"1.5 磅"，表格中第 1 行、6 行、8 行、12 行和 18 行添加底纹，底纹填充颜色为"灰色-10%"。

添加表格的边框，先单击表格全选按钮（见图 2-56），选中整个表格，然后选择"格式"→"边框和底纹"→"边框"选项卡设置表格边框，如图 2-57 所示。

图 2-56 表格全选标志

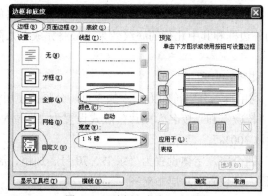

图 2-57 "边框和底纹"对话框

添加表格底纹时，先选中要求添加底纹的 5 行（可以按住【ctrl】键），然后选择"格式"→"边框和底纹"→"底纹"选项卡设置单元格的底纹颜色，如图 2-58 所示。

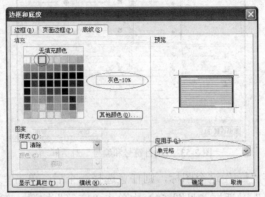

图 2-58　设置表格底纹

最后使用工具栏中的打印预览按钮（见图 2-59）观看整体效果，如果检查无误则可以进行打印，最终完成求职简历的制作。

图 2-59　"打印预览"按钮

 任务总结

本任务教给学生们制作一份求职简历，其充分运用了 Word 中图片的插入和版式的设置，表格的插入、属性和边框底纹的修改，以及文本框的使用和设置等相关操作。

首先，我们利用插入图片的方式制作封面，图片的使用是 Word 中一个非常重要的功能，它能够使我们制作的版面更加的精彩美观，图片插入后通过双击图片，打开图片设置对话框，在其中可以设置图片的版式、文字环绕方式、图片大小缩放以及图片的颜色效果灯。

然后，我们利用素材中提供的自荐书文字，将第二页制作完成。在操作过程中我们使用了横排文本框，将文字插入到文本框中，并对文本框的边框、填充颜色等进行设置。在文本框中的文字仍然可以进行字符和段落格式的排版。

最后，我们通过插入表格制作最后一页的个人履历表。插入表格后我们利用表格属性选项，设置表格的行高和列宽，在使用单元格的合并和拆分按钮，来设置表格的内部结构，然后使用边框和底纹选项设置表格的外边框和其中几行的底纹效果，最终完成个人简历的制作过程。

课后练习

自制求职简历一份，如图 2-60 所示。

1．新建 Word 文档，利用拆入分隔符的方法添加 3 页，分隔符使用分节符类型中的下一页。

2．在第一页中插入"校徽"和"校名"图片，版式设置为"四周型"，校徽的大小为"缩放 200%"，校名大小为"缩放 300%"。

3．输入"求职简历"四个字，字体设置为"隶书、70 号、加粗、居中对齐及浅蓝色字"。

4．插入"学院鸟瞰图"并设置图片居中对齐。

5．输入"姓名"、"专业"等文字，并添加"下划线"，文字格式为"楷体 GB_2312、加粗"，并利用标尺将"联系电话"和"毕业学校"调整到右侧对齐。

6．将素材中的自荐书内容复制到第 2 页中，将标题"自荐书"设置为艺术字，样式为第 3 行第 4 列，文字格式设置为"华文行楷"、"48 号"，并"居中对齐"。

7．在"自荐人：×××"后面插入日期并设置自动更新，"尊敬的领导"、"自荐人：×××"和日期设置为"宋体、四号"。

8．"自荐人：×××"和日期设置为"右对齐"，"自荐人：×××"设置段前距"3 行"。

9．自荐书正文内容设置为"楷体 GB_2312、小四"，首行缩进"2 个字符"以及"1.5 倍"行间距。

10．给第二页添加页面边框，样式为"阴影"，线型为"双线"，应用于"本节"。

11．第 3 页中输入"个人简历"4 个字，设置文字格式为"华文新魏、二号、加粗、居中对齐"，字符间距"加宽 10 磅"。

12．插入一个 11 行 7 列的表格，并设置前 5 行的行高为 0.8cm，后 6 行的行高为 3cm。

13．按照样例所示拆分或者合并表格内部的单元格，使其达到样例所示的效果。

14．按照样例输入表格中的内容，文字格式设置为"宋体、小四"，对齐方式为"中部居中"，最后一行中的"日期"对齐方式为"靠下右对齐"，"专业课程"、"获奖证书"等内容设置文字方向为"纵向"。

15．获奖证书行中的内容添加项目符号，符号的样式为"▦"。

16．将名为"照片"的图片插入到表格右侧照片位置框里，设置图片的大小为"缩放 30%"。

图 2-60　自制求职简历

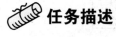

制作校园周刊

任务描述

小刘刚刚担任学院的宣传部长，他上任后的第一项工作就是制作一期"校园周刊"。在制作的过程中，小刘发现并不像他想象中的那么简单，比如文字总是变换位置，一些需要的图片或者图形不会制作等，他将这些问题统一的记录了下来，找到老师帮忙解决，在老师的细心指导下，小刘终于制作完成了他的第一期校园周刊。

任务展示

画报、杂志等材料在日常工作和生活中十分常见，该任务制作一份校园周刊，其排版设计的难度不是很大，主要在于整体的布局和效果，既要符合排版格式，又要有一定的艺术效果和个性化创意。重点介绍在 Word 中字符的高级设置、分栏、首字下沉等效果的使用，文本框、艺术字和图片的综合运用。本任务制作的校园周刊展示效果，如图 2-61 所示。

图 2-61　校园周刊

完成思路

想要制作一期校园周刊，首先要对 Word 文档的页面进行一番设置，包括页边距、纸张、版式等，接下来是利用文本框对页面进行布局，将每个页面都分成规定的几个部分，然后在每个部分中利用我们所学过的 Word 文档操作知识，如插入艺术字和图片、绘制自选图形、分栏、首字下沉、插入艺术横线等操作，来完成每个部分的设计，这样一期校园周刊就算制作好了。

要制作出如图 2-61 所示的"校园周报"主要有以下几个步骤。

1．页面设置，对整体版面进行前期设置，在所有其他操作之前完成。

2．插入分隔符，插入分隔符为文档增加页面，达到制作校园周报的页数要求。

3．根据样例的显示和具体的操作要求，利用字体段落的格式设置，插入图片、文本框和艺术，插入自选图形等操作手法，完成每一个版面的设计制作工作。最终完成整个校园周刊的制作。

相关知识

1．页面设置

页面设置是对整体页面进行格式设置，包括页边距、版式、纸型、页面方向等。要在开始其他操作之前完成。

2．插入分隔符

插入分隔符是为文档添加新的页面，也可以将文档进行分节处理，将来可以按节进行相关设置。

3．页眉页脚的设置

页眉页脚的设置内容较多，本任务中使用的是在页眉页脚中插入图片、添加文字和插入页码等操作。

4．插入文本框、艺术字和图片

文本框、艺术字和图片是在综合排版中最常用到的内容，插入后可以对其进行格式设置，例如：字体、字号、样式、版式、文字环绕、填充颜色、线条颜色、图片颜色等。

5．插入艺术横线

艺术横线可以对版面进行区域划分，因为其形式灵活，样式多变，经常用在文档的综合排版中。

6．分栏设置

分栏是对文字内容的另类对齐方式，可以将文字分成几个部分，看起来使得整体版式更加美观。

7．插入自选图形

插入自选图形，在 Word 文档的综合排版中使用广泛，自选图形的形式更加灵活，样式更加多变，使得文档的整体版面看起来更加的引人入胜。

任务实施

1．页面设置

设置页边距，上 2.5cm、下 2cm、左右各 2.5cm，纸型为 A4，在版式中设置距边界页眉为 0.8cm、页脚为 1.2cm。

页面设置时，选择"文件"菜单→"页面设置"命令，在"页面设置"对话框中的各个选项卡上进行相关操作，如图 2-62 所示。

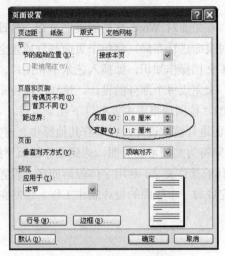

图 2-62 "页面设置"对话框

2．插入分隔符

利用插入分隔符中的分页符选项，为文档添加三个空白页，使版面变为四版。

选择"插入"菜单→"分隔符"命令，在打开的"分隔符"对话框中选中其中的分页符单选按钮，如图 2-63 所示。插入分页符后，Word 窗口的状态栏中会有所变化，如图 2-64 所示。

图 2-63 分隔符对话框

图 2-64 状态栏变化

3．设置页眉页脚

在页眉中插入图片"校徽"和"校名"，设置图片大小均为"缩放 150%"并"居中对齐"，在页脚处左侧的位置添加文字"校园周刊"，右侧添加字样"第一版……第四版"。

页眉的操作方法是，选择"视图"菜单→"页眉页脚"命令，打开的"页眉页脚"编辑区（见图 2-65），选择"插入"菜单→"图片"→"来自文件"命令，插入"校徽"和"校名"图片，打开"设置图片格式"对话框设置图片的大小并居中对齐，如图 2-66 所示。

图 2-65 "页眉页脚"工具栏和页面编辑区

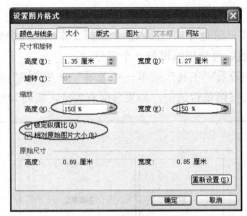

图 2-66　设置页面中图片格式

　　设置页脚时，在页脚编辑区内先输入"校园周刊"，设置为两端对齐，然后按键盘上的【Tab】键（制表键）将光标移动到编辑区的右侧，输入文字"第一版"，输入后将中间的"一"删掉，如图 2-67 所示。单击"页眉页脚"工具栏上的"插入页码"按钮，插入页码，再单击"设置页码格式"按钮，打开"页码格式"对话框（见图 2-68），将格式由"1，2，3 …"修改成"一，二，三…"，如图 2-69 所示。

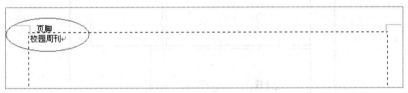

图 2-67　编辑页脚内容

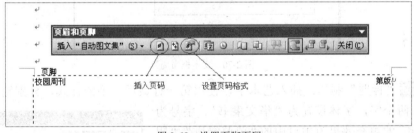

图 2-68　设置页脚页码

图 2-69　在"页码格式"对话框中设置数字格式

4．制作第一版

步骤01 首先利用文本框进行布局，插入四个横排文本框和一个竖排文本框，将页面分成如图 2-70 所示的五个部分，然后再分别编辑每一个部分。

在插入文本框前，要先查看"工具"菜单→"选项"→"常规"选项卡中的"插入自选图形时自动创建绘图画布"复选按钮是否选中，如果前面有勾选，需将勾选取消。

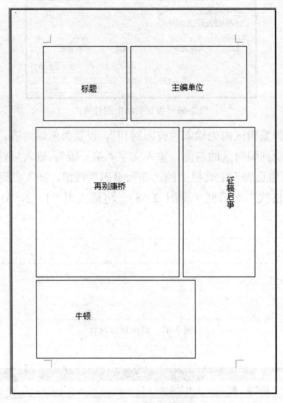

图 2-70　文本框布局

步骤02 "标题"制作：插入艺术字，使用第一行最后一列的样式，分别输入"校园"和"周刊"两个字，字体设置为"华文隶书"、字号为"54"。"校园"的填充效果为预设中的"茵茵绿原"，"阴影样式 5"，"周刊"的填充效果为预设中的"雨后初晴"，"阴影样式 6"，字符位置降低"30 磅"。最后将文本框边线设置为"无色"。

选择"插入"→"图片"→"艺术字"命令，在打开的"艺术字库"中选择需要的艺术字样式，如图 2-71 所示。

通过"设置艺术字格式"对话框（见图 2-72）对"校园"、"周刊"进行填充颜色的设置，并在"填充效果"对话框的"渐变"选项卡中对其填充效果进行设置（见图 2-73）。

图 2-71　选择艺术字样式

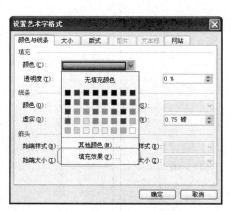

图 2-72　设置艺术字的格式

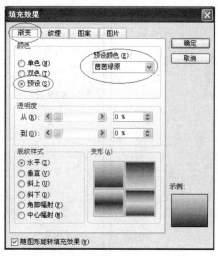

图 2-73　设置艺术字的"填充"效果

单击工具栏中的"阴影样式"按钮，如图 2-74 所示。打开"阴影样式"列表，选择"阴影样式 6"，如图 2-75 所示。

图 2-74　"阴影样式"按钮

最后在"字体"对话框的"字符间距"选项卡中将字符的位置下降"30 磅"（见图 2-76），将文本框的边线设置为"无色"。

图 2-75　设置阴影效果

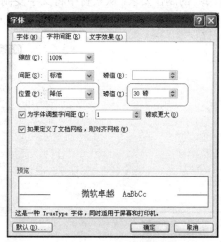

图 2-76　设置字符位置下沉

"主编单位"制作要求：将素材中的内容复制过来，粘贴到文本框内，"第 1 期　共 4 版"文字居中对齐，在上面插入如图 2-77 所示的艺术横线。最后将文本框的边线去掉。

分割区域线，在标题和主编单位下，文本框之外插入样例所示的艺术横线，将整个版式分成上下两个区域。

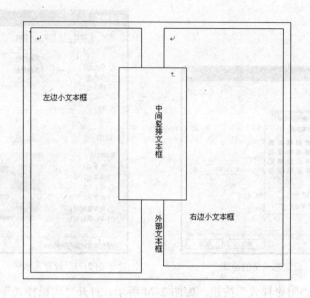

图 2-77 制作样例

　　"再别康桥"的制作要求：分别绘制三个横排文本框，外边的最大，里面两个小的分别画在左右两侧，将文字粘贴在左侧的小文本框中，利用文本框的链接（见图 2-78），将显示不开的文字在右边的小文本框中显示，在插入一个竖排文本框并输入标题，最后，内部的文本框边线设置为"无色"，填充效果设置为"淡蓝色"，外面的大文本框填充效果也为"淡蓝"，边框为带图案线条"瓦型"粗细为 5 磅。

　　"征稿启事"的制作要求：从素材中将文字复制到文本框中，设置文字格式为"宋体"、"小四"，行距为固定值"17 磅"，如图 2-79 所示。

图 2-78 文本框链接按钮

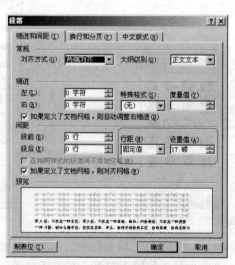

图 2-79 设置征稿启示格式

　　"改变世界的科学家们（牛顿）"的制作要求：将文字从素材中复制过来，粘贴在文本框中，设置标题为"华文行楷、四号、居中对齐"，设置文本框的边框线为"样式 5"，粗细为"1.5 磅"。将照片复制过来，设置为大小"缩放 80%"，版式为"浮于文字上方"。

"神舟十号"的制作要求：将文字复制过来，分成两栏并加分割线，标题设置为"华文行楷、二号、加粗、蓝色"字并"居中对齐"，插入图片并设置大小为"缩放70%"，版式为"四周型"，文字环绕只在右侧。

文字环绕的制作方法，在版式选项卡中（见图2-80），单击"高级按钮"，在高级版式中设置文字环绕，如图2-81所示。

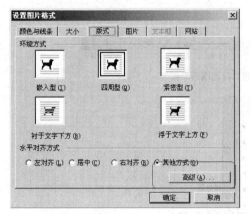
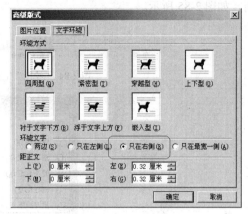

图2-80 "设置图片格式"对话框　　　　图2-81 "高级版式"对话框

"光脚走进阅览室"的制作要求：标题为"黑体、二号、加粗、红色"，文本框填充颜色为"浅绿"，边框颜色为"橙色"、粗细为"1.5磅"。

"把筐倒过来"的制作要求：文本框的边框设置为"无色"，填充颜色设置为"浅黄色"。

"信心让你变得杰出"的制作要求，在文本框内插入"风车"图片，设置大小为"缩放80%"、"两端对齐"，"椰子树"图片"缩放19%"、"靠右对齐"。插入竖排文本框（见图2-82），输入标题，并将竖排文本框的填充颜色和线条颜色均设置为"无色"，外部文本框的线条样式为"样式2"线条粗细"2磅"。设置文本框的版式为"四周型"，如图2-83所示。

图2-82 插入竖排文本框

图2-83 设置文本框的版式为四周型

　　"热爱生命"的制作要求：文字分成 3 栏不加分割线，插入自选图形中的"星与旗帜"里的"横卷型"，设置为"阴影样式 6"，填充颜色为渐变选项卡下预设里的"茵茵绿原"，自选图形的版式为"四周型"。

　　插入自选图形的制作方式时，单击"绘图"工具栏上的"自选图形"按钮右侧的下拉箭头（见图 2-84），在打开的菜单中选择"星与旗帜"选项，在子列表中的选择需要的图形，单击即可选用，如图 2-85 所示。

图 2-84 "绘图"工具栏上的"自选图形"按钮

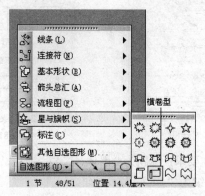

图 2-85 选择"横卷型"自选图形

　　"女性十大热门职业"的制作要求：标题为"宋体、三号、加粗、红色"，"居中对齐"。文本框的填充效果为"纹理中的水滴"，边框使用的是"样式 3"，粗细"2.25 磅"。文本框的版式为"四周型"。

　　火山的制作要求：标题设置为"居中对齐"，文本框内填充效果为渐变选项卡下预设中的"羊皮纸"效果。

 任务总结

　　本任务教给学生们制作一份校园周刊，是 Word 文档的一次综合训练，将前面学过的所有内容，融会贯通道整个案例当中，起到了一个复习总结的作用。

　　首先，利用页面设置和插入分隔符的方式来创建新的文档，将页眉页脚设置完成后，整体的效果就算完成了，剩下的就是每一个版面的具体制作内容。

　　然后，我们进入到具体的版面设置中，先利用文本框进行布局，将一个版面分成几个部分，然后再利用插入艺术字、图片、文字等方法，进一步制作每一个文本框，当一个版面上的所有文本框都制作好后，这个版面的整体制作也就完成了。

　　最后，在制作的过程中，重要的是设计和布局的合理性和美观性，操作的步骤相同的情况下，设计和布局就成了决定性的因素，因此，该任务主要是培养学生们的大局观念和设计理念。

课后练习

制作《校园周刊》第二期

　　在学习过前面的所有操作以后，学生们的 Word 操作水平已经有了很大的提高，这次的课后练习题要求学生自己完成一份校园周刊的制作。

学生们自己收集素材，利用所学的知识自行制作一份校园周刊，要求至少包含四个版面，每个版面要求有页眉页脚部分，制作过程中要使用到文本框、艺术字、图片、分栏、首字下沉等操作手法，最后，将制作完成的内容打印出来，教师将根据学生制作的整体效果、使用的知识点的多少、美观性合理性等进行打分。

任务一 制作表格

 任务描述

在日常工作和生活中，人们经常会用到各种由行和列构成的表格，例如，学校中的成绩表、课程表、企业事业单位的工资表、销售统计表、商品价格表等。如果利用传统的手工制作，需要先制作好表格，然后录入数据，再利用计算机器进行计算，最后再把计算的结果填入到表格中。这样做，不仅容易出错，而且还费时费力，如果使用 Excel 就可以很好的解决以上的问题。下面我们通过制作一个学生基本信息表，来了解 Excel 操作的基本操作方法。

任务展示

本任务以制作学生基本信息表为例，介绍 Excel 数据的输入、修改和数据的存储，其中包括数据录入、单元格设置、工作表操作等操作。

 完成思路

首先建立一个新的 Excel 工作簿，并在一张空白的工作表中输入原始数据。然后对工作表的格式进行设置，例如工作表的行高、列宽，单元格的文字格式、数字格式等。

在本任务中，我们将利用 Excel 完成图 3-1 的创建工作。

序号	学 号	姓 名	性别	民族	出生年月日	政治面貌	家庭住址	户籍所在地	备注
					2013级旅游管理专业3班学生基本信息				
1	03011001	杨世伟	男	汉	2005-6-15	团员	指母山村委会	琼海市	
2	03011002	刘键瑞	女	汉	2004-11-12	群众	仰大村委会	琼海市	
3	03011003	朱志勇	男	汉	2005-1-20	群众	仰大村委会	琼海市	
4	03011004	杨旭	男	汉	2005-4-23	团员	山辉村委会	琼海市	
5	03011005	蕉相宇	女	汉	2004-10-19	群众	仰大村委会	琼海市	
6	03011006	王洁琼	男	汉	2004-7-29	团员	中南村委会	琼海市	
7	03011007	董丽颖	女	汉	2005-6-27	群众	中南村委会	琼海市	
8	03011008	沙莎	男	汉	2004-9-15	团员	指母山村委会	琼海市	
9	03011009	王鏊鋆	女	汉	2005-9-24	团员	仰大村委会	琼海市	
10	03011010	吴诗亮	女	汉	2004-9-1	群众	指母山村委会	琼海市	
11	03011011	蕉姝含	女	汉	2005-1-22	团员	指母山村委会	琼海市	
12	03011012	徐美晨	男	汉	2004-11-4	群众	指母山村委会	琼海市	
13	03011013	杨金雨	男	汉	2004-5-18	群众	海燕村委会	琼海市	
14	03011014	徐伊雯	女	汉	2004-11-21	群众	中南村委会	琼海市	
15	03011015	翻晓丹	女	汉	2005-3-19	团员	仰大村委会	琼海市	
16	03011016	徐菲凡	男	汉	2004-12-19	团员	海燕村委会	琼海市	
17	03011017	史娇阳	男	汉	2004-6-15	团员	山辉村委会	琼海市	
18	03011018	程铭	男	汉	2005-6-19	团员	山辉村委会	琼海市	
19	03011019	王美琦	男	汉	2005-8-20	团员	东屿村委会	琼海市	
20	03011020	王丽娜	女	汉	2005-6-13	团员	仰大村委会	琼海市	

图 3-1 学生基本信息表

（1）打开 Excel 创建一个新的工作簿，在其中的一个工作表中输入原始数据。

（2）在新创建的工作表中，对录入的原始数据进行格式进行设置，例如工作表的行高、列宽、单元格的字符格式化、数字格式等。

 相关知识

1. 常用数据类型

在工作表中，可输入两种基本数据类型，即常量和公式。常量包括文本、数字、日期和时间以及较特殊的逻辑值和误差值。公式则是基于用户所输入数据所进行的计算。

2. 输入序列

序列是指有规律排列的数据，可以是等差序列、等比序列、日期序列和自定义序列。输入序列的方法有两种：使用菜单命令和使用鼠标。

3. 单元格的格式化

单元格的格式化包括设置数字类型、设置字体、单元格对齐方式、设置单元格边框和底纹等。

4. 编辑工作表

编辑工作表包括对工作表的重命名，工作表中数据的修改、插入、删除、复制、移动和查找等。

 任务实施

1. 工作簿的创建

新建 Excel 工作簿"学生基本信息表.xls"，具体操作步骤如下。

（1）启动 Excel，如图 3-2 所示。

（2）单击"常用"菜单中的"保存"按钮 ，在"另存为"对话框中将文件名由"Book1.xls"改名为"学生基本信息表"，单击对话框中的"保存"按钮，将文件保存在个人文件夹中。

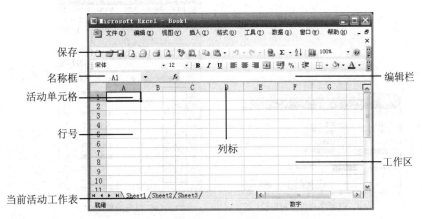

图 3-2　Excel 工作界面

2. 在工作表"学生基本信息表.xls"中输入数据

步骤 01 输入如图 3-1 所示的标题和表头数据，具体操作步骤如下。

（1）在当前工作表"学生基本信息表.xls"中，选中单元格 A1，输入标题"2013 级旅游管理专业 3 班学生基本信息"，然后按回车键。

（2）在单元格 A2 中，输入"序号"，并利用向右光标键【→】或【Tab】键，将光标移动到下一个单元格处。

（3）按照上述移动方法，依次输入"学号"、"姓名"、"性别"、"民族"、"出生年月日"、"政治面貌"、"家庭住址"、"户籍所在地"、"备注"等。

步骤 02 输入"序号"列数据，具体操作步骤如下。

（1）单击 A3 单元格，输入序号"1"（见图 3-3（a）），后按回车键。然后将鼠标指针移动到 A3 单元格的"填充句柄"（位于单元格右下角的小黑块）处，这时鼠标指针形状变为黑色 ╋ 字，按住鼠标左键向下拖动，拖至目标单元格位置（见图 3-3（b）），然后释放鼠标。

（2）选择"编辑"菜单中的"填充"→"序列"命令（见图 3-3（c）），在"序列"对话框中选择"等差序列"单选按钮，并设置相应步长，默认为"1"，如图 3-3（d）所示。

（3）在"序列"对话框中设置完后，单击"确定"按钮，完成填充序列，如图 3-3（e）所示。

（a）输入序号"1"

（b）使用填充句柄填充

（c）选择"序列"命令

（d）设置序列类型和步长

（e）填充效果

图 3-3　用填充柄填充序列

步骤 03 输入"学号"列数据，具体操作步骤如下。

（1）单击 B3 单元格，输入学号"03011001"（见图 3-4（a）），按回车键后发现变为"3011001"（见图 3-4（b）），说明在自动格式中以数字方式显示，所以前面的"0"被忽略了。解决的方法是：在输入数字的时候，在最前面输入一个英文输入法状态下的单引号"'"，格式为："'03011001"。

（2）将鼠标指针移动到 B3 单元格的"填充句柄"（位于单元格右下角的小黑块）处，这时鼠标指针形状变为黑色十字，按住鼠标左键向下拖动，拖至目标单元格位置，然后释放鼠标，如图 3-4（c）所示。

| | | (a) | | | (b) | | | (c) | |

图 3-4　用填充柄填充序号

步骤 04 输入"姓名"列数据，具体操作步骤如下。

（1）单击 C3 单元格，输入姓名"杨世伟"，按回车键。

（2）单击 C4 单元格，输入姓名"刘键琦"，按回车键。

（3）用同样的方法依次输入姓名列的其他内容。

步骤 05 利用上述方法，分别输入"性别"、"民族"、"出生年月日"、"政治面貌"、"家庭住址"、"户籍所在地"、"备注"等列数据。

3．单元格格式设置

➤ 将标题字体设置为"宋体、加粗、18 号"，并使标题在 A1:J1 区域内合并及居中，具体操作步骤如下。

（1）选择 A1 单元格，打开"格式"菜单中"单元格"命令（见图 3-5）或在单元格上右击鼠标，在弹出的右键快捷菜单中选择"设置单元格格式"命令，如图 3-6 所示。

图 3-5　通过菜单设置单元格格式

图 3-6　通过快捷菜单设置单元格格式

（2）在"单元格格式"对话框中，选择"字体"选项卡，在"字体"列表框中选择"宋体"，如图 3-7 所示，在"字号"列表框中选择"18 号"，在"字形"列表框中选择"加粗"。

（3）在"对齐"选项卡"文本控制"列表框中（见图3-8），选择"合并单元格"命令，单击"确定"按钮。

 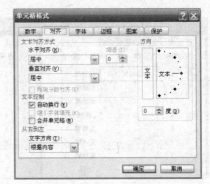

图3-7 "字体"选项卡   图3-8 "对齐"选项卡

上述操作，也可以利用"格式"工具栏直接操作，如图3-9所示。

图3-9 格式工具栏

➢ 将表格列标题单元格区域内字体设置为"宋体、12号"，表格内其他数据区域内的字体设置为"宋体、10.5号"，水平对齐方式和垂直对齐方式均为"居中"，具体操作步骤如下。

（1）选择单元格区域A2:J2，在"格式"工具栏中的"字体"下拉列表框中选择"宋体"，在"字号"下拉列表框中选择字号为"12"。

（2）选择单元格区域 A3:J22，在"格式"工具栏中的"字体"下拉列表框中选择"宋体"，在"字号"下拉列表框中选择字号为"10.5"。

（3）打开"格式"菜单中"单元格"命令，选择"对齐"选项卡，分别在"水平对齐"和"垂直对齐"下拉列表框中选择"居中"项。

（4）单击"确定"按钮完成设置。

上述操作，也可以利用"格式"工具栏进行字符格式化，同时利用鼠标在单元格上单击右键，在右键快捷菜单中选择"设置单元格格式"命令，设置"水平对齐"和"垂直对齐"方式。

➢ 将表格的内外边框设置为单细实线，具体操作步骤如下。

（1）选择单元格区域 A2:J22。

（2）在"格式"→"单元格"命令中，选择"边框"选项卡，在"线条"样式列表框中选择"单细实线——"项，在"预置"栏中单击"外边框"和"内部"按钮，为表格添加内外边框，如

图 3-10 所示。

（3）单击"确定"按钮完成设置。

图 3-10 "边框"选项卡

➤ 为表格标题设置行高 35，具体操作步骤如下。

（1）单击表格标题所在的行号"1"，选择"格式"→"行"中的"行高"命令（见图 3-11（a）），或者直接用鼠标右键单击行号，在右键快捷菜单中，选择"行高"命令，如图 3-11（b）所示。

（2）输入行高数值"35"，单击"确定"按钮完成设置。

（a）

（b）

图 3-11 选择"行高"命令

➤ 为表格列标题设置行高为 30，具体操作步骤如下。

（1）用鼠标右键单击列标题所在行号，在右键快捷菜单中，选择"行高"命令，如图 3-11（b）所示。

（2）输入行高数值"30"，单击"确定"按钮，如图 3-12 所示。

➤ 为表格数据区域设置行高为 20，具体操作步骤如下。

（1）将要进行操作的表格数据区域行号选中，然后在选中区域上单击鼠标右键，在右键快捷菜单中选择"行高"命令，如图 3-11（b）所示。

图 3-12 设置行高值

（2）输入行高数值"20"，单击"确定"按钮完成设置。

➤ 为表格列标题设置列宽，具体操作步骤如下。

（1）单击表格列标题所在的列标"A、B…"，选择"格式"→"列"中的"列宽"命令（见图 3-13（a）），或者直接在列标上右击鼠标，在弹出的快捷菜单中，选择"列宽"命令，如图 3-13（b）所示。

（2）输入相应的列宽数值，例如"序号为 6"、"学号为 11"（见图 3-13（c））、"姓名为 7"、"性别为 5"、"民族为 5"、"出生年月日为 11"、"政治面貌为 9"、"家庭住址为 20"、"户籍所在地为 12"、"备注为 15"，单击"确定"按钮完成设置。

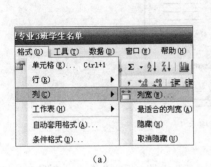

(a)   (b)   (c)

图 3-13 选择"列宽"命令

 单元格的宽度以字符和像素数表示，在工作表上拖动列标题的边框来调整列宽时，将出现屏幕提示，显示以字符表示的宽度并在括号内显示像素数。

单元格的高度以点和像素数表示，在工作表上拖动行标题的边框来调整行高时，将出现屏幕提示，显示以点表示的高度并在括号内显示像素数。

➢ 为表格的列标题区域添加浅灰色底纹，具体操作步骤如下。

（1）选择表格列标题单元格区域 A2:J2。

（2）在"格式"→"单元格"命令中，选择"图案"选项卡，在"单元格底纹"颜色中选择"灰色-25%"，如图 3-14 所示。

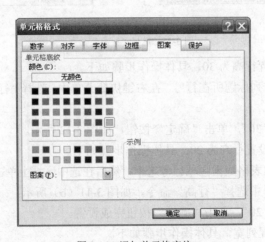

图 3-14 添加单元格底纹

4．工作表的重命名

➤ 将当前工作表的名称"Sheet1"更名为"学生基本信息"，具体操作步骤如下。

（1）双击工作表"Sheet1"的标签。

（2）当工作表标签出现反白（黑底白字）时，输入新的工作表名称"学生基本信息"后，按回车键确认。

（3）选择"文件"菜单中的"另存为"命令（见图 3-15（a）），在"另存为"对话框中，指定保存的路径，然后输入"文件名称"，单击"保存"按钮，保存工作簿文件，如图 3-15（b）所示。

（a）

（b）

图 3-15 "保存"工作簿

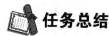 **任务总结**

本任务主要介绍了工作表的操作，如 Excel 数据的输入、修改和数据的存储，其中包括数据录入、单元格设置、工作表操作等操作。

在 Excel 中有很多快速输入数据的技巧，如自动填充、自定义序列等，熟练掌握这些技巧，不仅能提高录入速度，更能大大提高工作效率。同时在录入数据的过程中，应注意单元格的数据分类，例如：区号、学号、邮政编码等数据，均应采用文本类型。

在 Excel 中对工作表的格式化操作，主要包括工作表中各种类型数据的格式化、字体格式化、行高和列宽、对齐方式、表格的边框和底纹等。

通过本任务的学习读者还可以制作日常工作中的学生学籍信息登记表、学生成绩表、工资管理登记表、销售情况统计表等各种表格。

课后练习

1．新建一个工作簿"远大公司职工工资表.xls"，在"Sheet1"工作表中，参照图 3-16 建立工资表。

2．将标题"远大公司职工工资表"在 A1:G1 单元格区域内合并及居中，字体设置为"宋体、22 号、加粗"，并设置"水平对齐"和"垂直对齐"均为"居中"。

3．将标题行（第 1 行）的行高设置为"30"，表格中其余各行的行高设置为"18"。

4．将列标题字体设置为"黑体、12 号、水平和垂直均为居中对齐"，底纹颜色设置为"灰色-25%"。

5．将表格其他单元格字体设置为“宋体、12 号、水平和垂直均为居中对齐”。

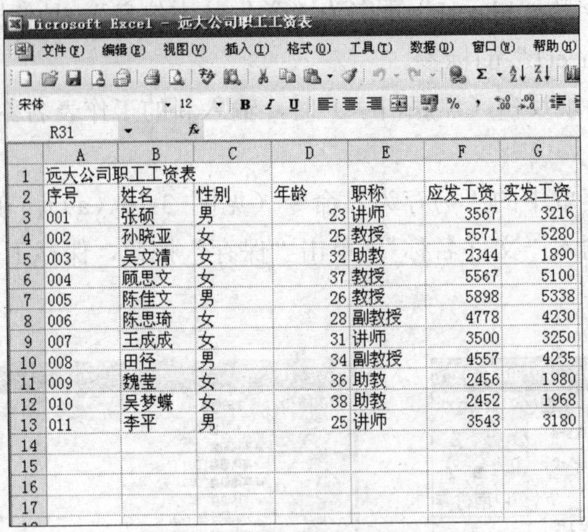

	A	B	C	D	E	F	G
1	远大公司职工工资表						
2	序号	姓名	性别	年龄	职称	应发工资	实发工资
3	001	张硕	男	23	讲师	3567	3216
4	002	孙晓亚	女	25	教授	5571	5280
5	003	吴文清	女	32	助教	2344	1890
6	004	顾思文	女	37	教授	5567	5100
7	005	陈佳文	男	26	教授	5898	5338
8	006	陈思琦	女	28	副教授	4778	4230
9	007	王成成	女	31	讲师	3500	3250
10	008	田径	男	34	副教授	4557	4235
11	009	魏莹	女	36	助教	2456	1980
12	010	吴梦蝶	女	38	助教	2452	1968
13	011	李平	男	25	讲师	3543	3180

图 3-16 输入工资表数据

6．为表格设置外边框为双实线══，内边框设置为点线………，如图 3-17 所示。

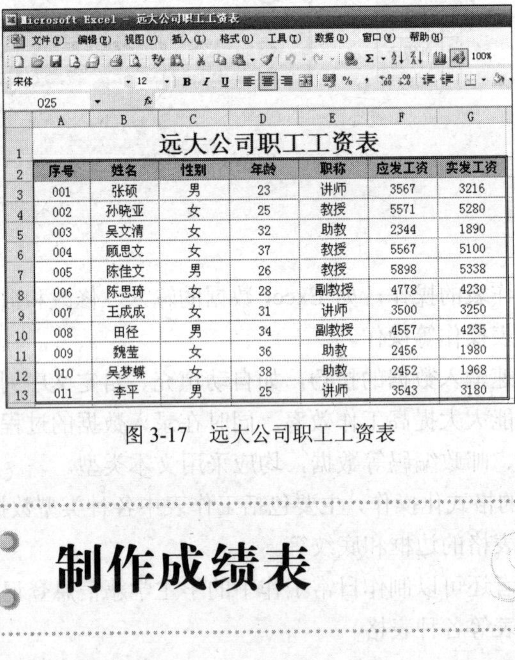

	A	B	C	D	E	F	G
1	远大公司职工工资表						
2	序号	姓名	性别	年龄	职称	应发工资	实发工资
3	001	张硕	男	23	讲师	3567	3216
4	002	孙晓亚	女	25	教授	5571	5280
5	003	吴文清	女	32	助教	2344	1890
6	004	顾思文	女	37	教授	5567	5100
7	005	陈佳文	男	26	教授	5898	5338
8	006	陈思琦	女	28	副教授	4778	4230
9	007	王成成	女	31	讲师	3500	3250
10	008	田径	男	34	副教授	4557	4235
11	009	魏莹	女	36	助教	2456	1980
12	010	吴梦蝶	女	38	助教	2452	1968
13	011	李平	男	25	讲师	3543	3180

图 3-17 远大公司职工工资表

任务二 制作成绩表

任务描述

学期结束时，班主任小张接到了教务处布置的一个任务，统计出该班级学生各科成绩的总分和平均分，并根据总分进行排名。同时还要求他提供计算机基础课程成绩大于 90 分的人数和总成绩大于 300 分的人数。

如果按照传统的方法，先用计算器计算出结果，然后手工录入数据，最后再根据录入的数据进行人工排名。这样不仅费时费力，而且还极容易出错，特别是当某一学科成绩发生变化时，将直接影响全部的成绩，最终导致所有结果都要重新调整，极大地增加了工作量和任务的难度。通过一番努力，小张终于找到了解决的方法，下面是他的解决方案。

 任务展示

本任务以制作学生成绩表为例，主要介绍了 Excel 对数据统计、计算和管理方面的功能。用户可以通过系统提供的运算符和函数建立公式，系统会按照公式自动进行计算。如果计算的相关数据发生变化，结果会自动更新，从而快速得出准确的结果。其效果如图 3-18 所示。

	A	B	C	D	E	F	G	H	I	J
1					2013级旅游管理专业3班学生成绩表					
2	学号	姓名	性别	计算机基础	大学英语	高等数学	大学语文	平均分	总成绩	名次
3	03001	胡鑫	男	缺考	78	88	93	86.3	259	16
4	03002	张璐	女	75	54	78	87	73.5	294	11
5	03003	宋思雨	男	78	65	80	62	71.3	285	13
6	03004	张羽驰	男	70	85	78	71	76.0	304	8
7	03005	刘想	女	85	89	缺考	90	88.0	264	15
8	03006	田锐	男	78	80	70	75	75.8	303	9
9	03007	王娇	男	90	79	87	81	84.3	337	4
10	03008	苏玥卉	男	99	98	99	73	92.3	369	2
11	03009	王馨雨	女	78	75	87	84	81.0	324	7
12	03010	张磊	女	79	缺考	92	69	80.0	240	17
13	03011	张识	女	68	64	83	78	73.3	293	12
14	03012	李雪	男	64	89	58	86	74.3	297	10
15	03013	齐海英	男	73	75	67	50	66.3	265	14
16	03014	吴忧	女	58	缺考	91	70	73.0	219	18
17	03015	林清华	男	93	91	90	60	83.5	334	5
18	03016	王威月	男	90	80	85	84	84.8	339	3
19	03017	李旭	男	96	97	99	78	92.5	370	1
20	03018	王晓彤	男	89	82	64	92	81.8	327	6
21	班级平均分			80	80	82	77			
22	班级最高分			99	98	99	93			
23	班级最低分			58	54	58	50			
24										
25						计算机基础大于90分人数		3		
26						总成绩>300分人数		9		

图 3-18 各科成绩表

 完成思路

首先建立一个新的 Excel 工作簿，并在一张空白的工作表中输入原始数据。然后对工作表的格式进行设置，例如工作表的行高、列宽，单元格的文字格式、数字格式等。最后，利用函数进行计算，从而得出想要的结果。

在本任务中，将利用 Excel 完成图 3-18 所示的表的创建工作。

（1）打开 Excel 创建一个新的工作簿，在其中的一个工作表中输入原始数据。

（2）在新创建的工作表中，对录入的原始数据进行格式设置，例如工作表的行高、列宽，单元格的字符格式化、数字格式等。

 相关知识

1．公式

在 Excel 中进行数据计算有两种方式：一种是使用自定义公式，另一种是使用函数。

公式是单元格中的数据进行计算的基本工具。以"="开头，后面是表达式，在表达式中可以包含各种运算符号、常量、函数和单元格地址等。

2．函数

函数是 Excel 中已经定义好的公式，参数用括号括起来放在函数名称的后面。

3. 引用

一个单元格中的数据被其他单元格的公式使用成为引用，该单元格地址成为引用地址。通过引用可以实现一个公式中使用不同工作表中的数据。

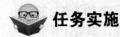 **任务实施**

1. 工作簿的创建

新建 Excel 工作簿"各科成绩表.xls"，具体操作步骤如下。

（1）启动 Excel。

（2）单击"常用"菜单中的"保存"按钮 ，在"另存为"对话框中将文件名由"Book1.xls"改名为"各科成绩表"，单击对话框中的"保存"按钮，将文件保存在个人文件夹中。

2. 在工作表"各科成绩表.xls"中输入数据

步骤 01 输入如图 3-18 所示的标题和表头数据，具体操作步骤如下。

（1）在当前工作表"各科成绩表.xls"中，选中单元格 A1，输入标题"2013 级旅游管理专业 3 班学生成绩表"，然后按回车键。

（2）在单元格 A2 中，输入"学号"，并利用向右光标键【→】或【Tab】键，将光标移动到下一个单元格处。

（3）按照上述移动方法，依次输入"姓名"、"性别"、"计算机基础"、"大学英语"、"高等数学"、"大学语文"、"平均分"、"总成绩"、"名次"等。

步骤 02 输入"序号"列数据，具体操作步骤如下。

（1）单击 A3 单元格，输入学号"03001"后按回车键。然后将鼠标指针移动到 A3 单元格的"填充句柄"（位于单元格右下角的小黑块）处，这时鼠标指针形状变为黑色 ✚ 字，按住鼠标左键向下拖动，拖至目标单元格位置，然后释放鼠标。

（2）选择"编辑"→"填充"→"序列"命令（见图 3-19），在打开的"序列"对话框中选中"等差序列"复选按钮，并设置相应步长，默认为"1"。

（3）单击"确定"按钮。

步骤 03 输入"姓名"列数据，具体操作步骤如下。

（1）单击 C3 单元格，输入姓名"胡鑫"，按回车键。

（2）单击 C4 单元格，输入姓名"张璐"，按回车键。

（3）用同样的方法依次输入姓名列的其他内容。

图 3-19 用填充柄填充学号

步骤 04 利用上述方法，分别输入"性别"、"计算机基础"、"大学英语"、"高等数学"、"大学语文"、"平均分"、"总成绩"、"名次"等列数据。

步骤 05 在表格的下方分别输入"班级平均分"、"班级最高分"、"班级最低分"、"计算机基础大于 90 分人数"和"总成绩>300 分人数"。

3. 单元格格式设置

➢ 将标题字体设置为"幼圆、加粗、19 号"，并使标题在 A1:J1 区域内合并及居中，具体操作步骤如下。

（1）选择 A1 单元格，在单元格上右击鼠标，在弹出的快捷菜单中选择"设置单元格格式"

命令。

（2）在"单元格格式"对话框中，选择"字体"选项卡，如图 3-20 所示，在"字体"列表框中选择"幼圆"，在"字号"列表框中选择"19 号"，在"字形"列表框中选择"加粗"。

（3）在"对齐"选项卡（见图 3-21）"文本控制"区域中，选中"合并单元格"复选框，单击"确定"按钮。

图 3-20　"字体"选项卡

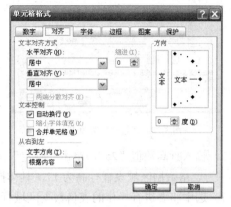

图 3-21　"对齐"选项卡

➤ 将表格列标题单元格区域内字体设置为"宋体、11 号、加粗"，表格内其他数据区域内的字体设置为"宋体、10.5 号"，水平对齐方式和垂直对齐方式均为"居中"，具体操作步骤如下。

（1）选择单元格区域 A2:J2，在"格式"工具栏中的"字体"下拉列表框中选中"宋体"，在"字号"下拉列表框中选中字号为"11"。

（2）选择单元格区域 A3:J23，在"格式"工具栏中的"字体"下拉列表框中选中"宋体"，在"字号"下拉列表框中选中字号为"10.5"。

（3）选择"格式"菜单中"单元格"命令，在打开的对话框中选择"对齐"选项卡，分别在"水平对齐"和"垂直对齐"下拉列表框中选择"居中"。

（4）单击"确定"按钮完成设置。

➤ 将表格设置内外边框，具体操作步骤如下。

（1）选择单元格区域 A2:J23。

（2）选择"格式"→"单元格"命令，在"单元格格式"对话框中选择"边框"选项卡，在"线条"样式列表框中选中"双细实线———"，然后在"颜色"列表中选中"深蓝"，在"预置"栏中单击"外边框"按钮，如图 3-22 所示。

（3）利用上述方法，在"线条"样式列表框中选择"单细实线———"，然后在"颜色"列表中选择"蓝色"，在"预置"栏中单击"内边框"按钮。

其余单元格部分，外边框采用黑色单粗线，内边框采用黑色单细线。如图 3-23 所示。

（4）单击"确定"按钮完成设置。

➤ 为表格标题设置行高 35，具体操作步骤如下。

（1）用鼠标右击行号"1"，在弹出的快捷菜单中，选择"行高"命令。

（2）输入行高数值"35"，单击"确定"按钮完成设置。

➤ 为表格列标题设置行高为 25，具体操作步骤如下。

（1）用鼠标右击列标题所在行号，在弹出的快捷菜单中，选择"行高"命令。

图 3-22　"边框"选项卡

计算机基础大于90分人数	3
总成绩>300分人数	9

图 3-23　添加单元格边框

（2）输入行高数值"25"，单击"确定"按钮完成设置。

➤ 为表格数据区域设置行高为 17，具体操作步骤如下。

（1）选中将要进行操作的表格数据区域行号，然后在选中区域上单击鼠标右键，在弹出的菜单中，选择"行高"命令。

（2）输入行高数值"17"，单击"确定"按钮完成设置。

➤ 为表格列标题设置列宽，具体操作步骤如下。

（1）用鼠标右击列标"A、B…"，在弹出的快捷菜单中，选择"列宽"命令，如图 3-24（a）所示。或选择"格式"→"列"→"列宽"命令（见图 3-24（b）），选择"列宽"命令。

（2）输入相应的列宽数值，例如"计算机基础"、"大学英语"、"高等数学"和"大学语文"列宽均为 11，其他各列列宽均为 8，如图 3-24（c）所示。

（a）

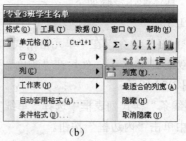
（b）

（c）

图 3-24　设置"列宽"

➤ 为表格的列标题区域添加浅灰色底纹，具体操作步骤如下。

（1）选择表格列标题单元格区域 A2:J2。

（2）选择"格式"→"单元格"命令，在"单元格格式"对话框中选择"图案"选项卡，在"单元格底纹"颜色中选择"浅绿"，如图 3-25 所示。

➤ 计算平均分，具体操作步骤如下。

（1）单击 H3 单元格，然后单击"常用"工具栏中Σ"自动求和"按钮旁边的向下箭头▼，选择函数"平均值"，如图 3-26 所示。

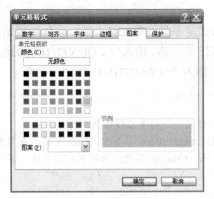

图 3-25　添加单元格底纹

图 3-26　计算平均值

（2）利用单击鼠标左键选择要进行计算的数据区域，例如"D3:G3"。

（3）然后按回车键确认。

➤ 计算总成绩，具体操作步骤如下。

利用上述同样的方法，计算出总成绩。

➤ 利用 RANK 函数计算名次，具体操作步骤如下：

（1）单击 I3 单元格，输入"=RANK( )"，并将光标放在 RANK 函数后面的括号中，单击第一个要进行比较的单元格名称（如 I3 单元格），然后在其后面输入英文输入法状态下的逗号"，"，再输入要进行比较的单元格区域绝对地址，如$I$3:$I$20，如图 3-27 所示。

格式为：=RANK(I3,$I$3:$I$20)

（2）输入完函数后，按回车键确认。

（3）利用填充柄，进行公式复制。

2013级旅游管理专业3班学生成绩表

学号	姓名	性别	计算机基础	大学英语	高等数学	大学语文	平均分	总成绩	名次
03001	胡鑫	男	缺考	78	88	93	86.3	259	16
03002	张璐	女	75	54	78	87	73.5	294	11
03003	宗思雨	男	78	65	80	62	71.3	285	13
03004	张羽弛	男	70	85	78	71	76.0	304	8
03005	刘想	女	85	89	缺考	90	88.0	264	15
03006	田锐	男	78	80	70	75	75.8	303	

图 3-27　利用"RANK"函数排序

　　　RANK 函数是排名函数。RANK 函数最常用的是求某一个数值在某一区域内的排名。

RANK 函数语法形式：rank(number,ref,[order])

函数名后面的参数中 number 为需要求排名的那个数值或者单元格名称（单元格内必须为数字），ref 为排名的参照数值区域，order 的为 0 和 1，默认不用输入，得到的就是从大到小的排名，若是想求倒数第几，order 的值请使用 1。

➤ 利用 COUNTIF 函数，计算指定区域中符合指定条件的单元格个数，具体步骤如下。

（1）计算"计算机基础大于 90 分人数"。单击 G25 单元格，输入"=COUNTIF(D3:D20,">90")"。

（2）利用上述同样的方法，单击 G26 单元格，输入 "=COUNTIF(I3:I20,">300")"。

Countif 函数是对指定区域中符合指定条件的单元格计数的一个函数。

Countif 函数的语法为：COUNTIF(range,criteria)，其中 Range 参数：是需要计算其中满足条件的单元格数目的单元格区域；Criteria 参数：为设置的的条件，其形式可以为数字、表达式或文本。

4．工作表的重命名

➤ 将当前工作表的名称"Sheet1"更名为"各科成绩表"， 具体操作步骤如下。

（1）双击工作表"Sheet1"的标签。

（2）输入新的工作表名称"各科成绩表"后，按回车键确认。

（3）打开"文件"菜单"另存为"命令，在"另存为" 对话框中，指定保存的路径，然后输入"文件名称"，单击"保存"按钮，保存工作簿文件。

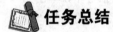

任务总结

本任务主要介绍了 Excel 对数据统计、计算和管理方面的功能。用户可以通过系统提供的运算符和函数建立公式，系统会按照公式自动进行计算。

在进行公式和函数计算时，应熟悉公式的输入规则和函数的输入方法，以及单元格的引用方式。

通过本任务的学习读者还可以对日常工作中的加班工资统计表、考勤表、学生期末成绩统计表等各种表格进行统计和分析。

课后练习

1．新建一个工作簿"学生期末成绩表.xls"，在"Sheet1"工作表中，参照图 3-28 所示的建立成绩表。

2．输入"学号"，格式为"001，002，003…"。

3．用函数计算总分、平均分。（注：平均分结果保留 2 位小数）

4．用 COUNTA 函数统计"学员总人数"，用 COUNTIF 函数统计"数学及格人数"和"语文 90 分以上的人数"。

5．将 A1:H1 单元格合并居中、标题设为华文彩云、22 号，蓝色、双下划线。

6．将 A2:H2 设置为宋体、10 号、加粗、水平垂直居中，设置浅绿色底纹。

7．将 A2:H39 添加表格边框，外框用蓝色双线，内部用黑色单线，再给 A3:H39 设置水平垂直居中。

	A	B	C	D	E	F	G	H	I	J	K
1	学生期末成绩表										
2	学号	姓名	班级	数学	语文	外语	总分	平均分			
3		孙盈	1班	24	60.8	65.6					
4		左广星	2班	60.2	23.6	70.4					
5		林声	2班	46.8	38	89.6					
6		段博	1班	47	67.2	60.8					
7		韩阳	2班	72	49.4	71.4					
8		张明昊	1班	60.2	92.6	93.8				学员总人数	
9		丁祯	1班	92.8	49.4	72.8				数学及格人数	
10		王晓晨	2班	48.2	82.4	64.4				语文大于90分的人数	
11		王心彤	2班	71.8	71.6	81.6					
12		王婷婷	2班	93.2	71.4	49.6					
13		王涛	1班	69.8	74.4	74.4					
14		王斯	1班	72.4	76.2	91.4					
15		武雨婷	2班	76.6	75.2	77.6					
16		赵丹	2班	77	60	64.8					
17		吴溪	1班	86	44.4	80.2					
18		郑妍	2班	85.4	81.2	86.4					
19		颜可欣	2班	71.9	70.2	67.4					
20		吴哲	1班	74.6	87.2	78.4					
21		王英雪	1班	77.6	61.2	93.8					
22		郭畅	1班	81.4	82.8	79.5					
23		龚佳玉	1班	79.2	87.8	82.2					

图 3-28 学生期末成绩表

任务三 成绩统计与分析

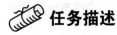

任务描述

本任务将通过对学生成绩表的统计分析，介绍 Excel 中的统计函数 COUNT、COUNTA、COUNTIF、自动筛选的使用和图表的制作等。

任务展示

在上一任务中，我们已经顺利完成了"各科成绩表"的制作，现在我们要根据"各科成绩表"中的数据，完成"成绩统计表"（见图 3-29），并利用"自动筛选"筛选出大学语文成绩大于等于90 分的女生（见图 3-30）。此外，还要根据"成绩统计表"中的数据，制作"各分数段人数统计图"（见图 3-31），以便对全班学生的成绩进行系统的分析。

	A	B	C	D	E
1	成绩统计表				
2	课程	计算机基础	大学英语	高等数学	大学语文
3	班级平均分	80	80	82	77
4	班级最高分	99	98	99	93
5	班级最低分	58	54	58	50
6	应考人数	18	18	18	18
7	参考人数	17	16	17	18
8	缺考人数	1	2	1	0
9	90-100(人)	5	3	5	3
10	80-89(人)	5	3	5	5
11	70-79(人)	7	4	3	6
12	60-69(人)	2	2	2	3
13	59以下(人)	1	1	1	1
14	及格率	94.1%	93.8%	94.1%	94.4%
15	优秀率	29.4%	18.8%	29.4%	16.7%

图 3-29 成绩统计表

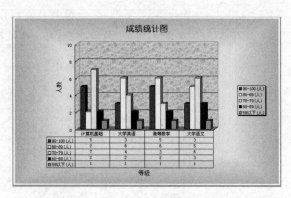

图 3-30 自动筛选表　　　　　　　　　　图 3-31 成绩统计图

 完成思路

要想在"成绩统计表"中统计"各科成绩表"中的数据，就需要跨工作表引用数据。其实方法很简单，只要从源数据所在工作表中选择目标区域即可；至于统计各种情况下的具体人数，可以通过 COUNT、COUNTA、COUNTIF 等函数来完成。

"成绩统计图"的制作也是非常简单的，主要是利用"成绩统计表"中统计的数据，通过图表向导制作而成。

在本任务中，将利用"学生各科成绩表"完成图 3-31 的创建工作。

（1）利用统计函数 COUNT、COUNTA、COUNTIF，对"学生各科成绩表"中的数据进行统计，如图 3-29 所示。

（2）根据图 3-29 所示的"成绩统计表"中的数据，利用图表向导，建立如图 3-31 所示的"成绩统计图"。

（3）利用"学生各科成绩表"中的数据进行自动筛选，筛选出"大学语文"成绩大于等于 90分的女生（如图 3-30 所示）。

 相关知识

1．统计函数 COUNT、COUNTA、COUNTIF

COUNT 函数：返回包含数字的单元格的个数以及返回参数列表中的数字个数。

COUNTA 函数：返回参数列表中非空值的单元格个数。

COUNTIF 函数：用来统计指定区域内满足给定条件的单元格的个数。

2．图表

图表是用图形来展示数据的一种方式，是一种将数据"可视化"的手段。它有很多特性，如多样性、优先性等，可直观地展示统计信息属性（时间性、数量性等），不同类型的图表由不同的要素所构成。

3．自动筛选

自动筛选一般用于简单的条件筛选，筛选出满足条件的数据，同时将不满足条件的数据暂时隐藏起来，只显示符合条件的数据。

任务实施

工作表数据的建立

1．准备工作

打开"统计表素材.xls"工作簿，将文件另存为"统计表.xls"。选择"成绩统计表"工作表，如图 3-32 所示。

2．跨工作表的单元格引用

➤将"各科成绩表"中"班级平均分"、"班级最高分"、"班级最低分"数据引用到"成绩统计表"中，具体操作步骤如下。

（1）在"成绩统计表"中，选择目标单元格 B3，在 B3 单元格中输入"="。

（2）然后单击"各科成绩表"工作表标签。

（3）在打开的"各科成绩表"中，单击"班级平均分"所对应的单元格 D21，如图 3-33 所示。

（4）按回车键确认，如图 3-34 所示。

图 3-32 成绩统计表

图 3-33 跨工作表引用数据   图 3-34 计算结果及引用的公式

（5）单击 B3 单元格，拖动填充柄至 E3 单元格。

（6）选择单元格 B3:E3 区域，鼠标指向 E3 单元格右下角的填充柄，当鼠标指针形状变为黑色＋字时，按住鼠标左键向下拖动，拖至目标单元格 E5 处，然后释放鼠标，分别得到 4 门课程的"班级最高分"和"班级最低分"。

3．函数 COUNTA 和 COUNT 的使用

➤ 将"各科成绩表"中 4 门课程的"应考人数"和"参考人数"统计结果放到相应单元格处，具体操作步骤如下。

（1）在"成绩统计表"中，选择目标单元格 B6，输入"=counta( )"。

（2）将光标放在"=counta( )"中，单击"各科成绩表"标签，按鼠标左键选择要进行统计的单元格数据区域 D3:D20。

（3）按回车键确认。

（4）单击 B6 单元格，拖动填充柄至 E6 单元格处，得到 4 门课程的"应考人数"。

（5）选择目标单元格 B7，输入"=count（ ）"。

（6）将光标放在"=count（ ）"中，单击"各科成绩表"标签，按鼠标左键选择要进行统计的单元格数据区域 D3:D20。

（7）按回车键确认。

（8）单击 B7 单元格，拖动填充柄至 E7 单元格处，得到 4 门课程的"参考人数"。

4．条件统计函数 COUNTIF 的使用

➢ 用 COUNTIF 函数统计"各科成绩表"中的 4 门课程的缺考人数及各分数段人数，并把统计结果放到"成绩统计表"中，具体操作步骤如下。

（1）在"成绩统计表"中，选择目标单元格 B8。

（2）选择"插入"菜单"函数"命令，打开"插入函数"对话框，在"或选择类别"下拉列表框中选择"统计"，在"选择函数"列表框中选择"COUNTIF"函数，然后单击"确定"按钮。

（3）在"函数参数"对话框中，将光标放在"Range"处，单击"各科成绩表"工作表标签，然后选择数据范围 D3:D20；再将光标放在"Criteria"处，输入统计条件"缺考"，单击"确定"按钮。如图 3-35 所示。

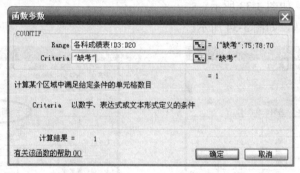

图 3-35　COUNTIF 函数的使用

（4）在"成绩统计表"中，选择目标单元格 B9。

（5）输入"=COUNTIF(各科成绩表!D3:D20,">=90")"，按回车键确认，得到"90-100 人数"。

（6）单击目标单元格 B10，输入"=COUNTIF(各科成绩表!D3:D20,">=80")-B9"，按回车键确认，得到"80-89 人数"。

（7）单击目标单元格 B11，输入"=COUNTIF(各科成绩表!D3:D20,">=70")-B9-B10"，按回车键确认，得到"70-79 人数"。

（8）单击目标单元格 B12，输入"=COUNTIF(各科成绩表!D3:D20,">=60")-B9-B10-B11"，按回车键确认，得到"60-69 人数"。

（9）单击目标单元格 B13，输入"=COUNTIF(各科成绩表!D3:D20,"<60")"，按回车键确认，得到"59 以下人数"。

（10）在"成绩统计表"中，选择单元格区域 B8:B13，鼠标移动至 B13 单元格右下角的填充柄处，指针形状变为黑色╋字时，按住鼠标左键向下拖动，拖至目标单元格 E13 处，然后释放鼠标，即得到其他 3 门课程各分数段人数。

5．公式计算

➢ 在"成绩统计表"中，计算各门课程的及格率和优秀率，具体操作步骤如下。

（1）在"成绩统计表"中，选择目标单元格 B14。

（2）输入"=COUNTIF(各科成绩表!D3:D20,">=60")/COUNT(各科成绩表!D3:D20)"。

（3）单击"格式"工具栏中"百分比样式"按钮，将及格率设置成百分比样式，然后再单击"增加小数点位数"按钮，将及格率保留 2 位小数。

（4）选择目标单元格 B15，输入"=COUNTIF(各科成绩表!D3:D20,">=90")/COUNT(各科成绩表!D3:D20)"。

（5）选择单元格区域 B14:B15，拖动 B15 单元格右下角的填充柄至 E15 单元格处，即可统计出其他 3 门课程的及格率和优秀率。

使用图表向导制作成绩统计图

利用"各科成绩表"中的数据制作图表，可以更加生动、清晰和直观地表现数据，更易于表达数据之间的关系和变化走势。

1. 使用"图表向导"创建图表

利用各分数段人数和缺考人数制作图表；图表类型为"簇状柱形图"，数据系列产生在"列"，图表标题为"成绩统计图"，分类（X 轴）为"等级"，数值（Y 轴）为"人数"；将图表"作为新工作表"插入。

步骤 01 在"成绩统计表"工作表中，选择目标单元格区域 A9:E13，然后按住【Ctrl】键的同时，再选择单元格区域 A2:E2。

步骤 02 选择"插入"菜单中"图表"命令，或单击"常用工具栏"中"图表向导"按钮，打开"图表向导"对话框。

步骤 03 在"标准类型"选项卡中选择"图表类型"为"柱形图"，在"子图表类型"中选择"三维簇状柱形图"，如图 3-36 所示。

步骤 04 单击"下一步"按钮，打开"图表源数据"对话框，如图 3-37 所示。

图 3-36 "图表向导"对话框

图 3-37 "图表源数据"对话框

步骤 05 单击"下一步"按钮。

步骤 06 在"标题"选项卡中，输入标题"成绩统计图"；分类（X 轴）为"等级"；数值（Y 轴）为"人数"，如图 3-38 所示。

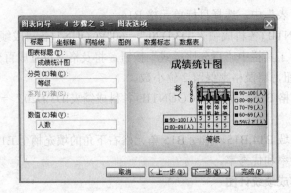

图 3-38 "图表选项"对话框

步骤 07 单击"下一步"按钮,打开"图表位置"对话框,选择"作为其中的对象插入"单选按钮,如图 3-39 所示。

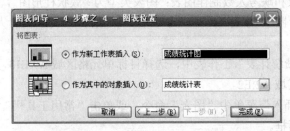

图 3-39 "图表位置"对话框

步骤 08 单击"完成"按钮,完成图表的制作,如图 3-40 所示。

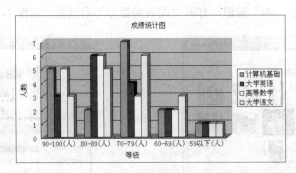

图 3-40 成绩统计图

2. 修改图表

图表制作完成后,如果有需要,可以对图表进行修改。例如更改图表的类型、源数据、图表选项和图表位置等。

➢在图表中"显示数据表",具体操作步骤如下。

(1)在"成绩统计表中"单击"图表区",选择"图表"菜单中的"图表选项"命令。

(2)选中"数据表"选项卡中的"显示数据表"复选框,如图 3-41 所示。然后单击"确定"按钮。

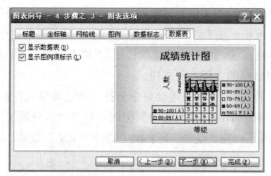

图 3-41 "数据表"选项卡

➤ 更改图表位置，具体操作步骤如下。

（1）鼠标右键单击"图表区"，在右键菜单中选择"位置"命令。

（2）在"图表位置"对话框中，选择"作为新工作表插入"选项。

（3）单击"确定"按钮完成更改。

3．格式化图表

图表建立后，如果显示的效果不是很理想，可以对图表外观进行适当地格式化。主要元素有：图表标题、绘图区、数值轴、分类轴、图例和图表区域等。

➤ 在"成绩统计图"工作表中，将图表标题设置为"幼圆、22 号、蓝色、加粗"；图表区填充效果设置为"羊皮纸"；背景墙填充效果设置为"水滴"效果；为图例添加"阴影边框"。具体操作步骤如下。

（1）在"成绩统计图"工作表中，双击图表标题"成绩统计图"，打开"图表标题格式"对话框，在"字体"选项卡中，选择字体为"幼圆"、字号为"22"、颜色为"蓝色"、字形为"加粗"，单击"确定"按钮。

（2）在"图表"工具栏的"图表对象"下拉列表中，选择"图表区"，如图 3-42 所示，单击"图表"工具栏中的"图表区格式"按钮，打开"图表区格式"对话框，如图 3-43 所示。

图 3-42 设置"图表区"

图 3-43 "图表区格式"对话框

（3）在"图案"选项卡中单击"填充效果"按钮，打开"填充效果"对话框。在"渐变"选项卡中选择"预设"单选按钮，在"预设颜色"下拉列表中选择"羊皮纸"选项，在"底纹样式"栏中选中"中心辐射"单选按钮，单击"确定"按钮。"填充效果"对话框的设置如图 3-44 所示。再单击"图表区格式"对话框的"确定"按钮。

（4）鼠标右键单击"背景墙"，在右键菜单中选择"背景墙格式"命令，打开"背景墙格式"对话框，在"图案"选项卡中单击"填充效果"按钮，打开"填充效果"对话框。

（5）选择"纹理"选项卡，在"纹理"列表框中选择"水滴"效果，如图 3-45 所示，单击"确定"按钮。

图 3-44 设置图表区"填充效果"对话框　　　　图 3-45 设置背景墙"填充效果"对话框

自动筛选

通过自动筛选可以将某些符合条件的数据行显示出来，而暂时隐藏不符合条件的数据行，这样可以更清楚地显示需要的数据。

➢通过自动筛选，筛选出"大学语文"成绩大于等于 90 分的女生。

（1）在"统计表"工作簿中，新建一个工作表，改名为"自动筛选"。

（2）复制"各科成绩表"中数据到"自动筛选"工作表中。

（3）将鼠标放置到表中任意数据处，选择"数据"菜单"筛选"中的"自动筛选"命令。

（4）单击"大学语文"列标题旁边的向下箭头▼，选择"自定义"命令，打开"自定义自动筛选方式"对话框，如图 3-46 所示。

图 3-46 "自定义自动筛选方式"对话框

（5）在"显示行"大学语文中选择"大于或等于"，然后输入"90"，单击"确定"按钮。

（6）单击"性别"列标题旁边的向下箭头▼，选择"女"。

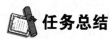 **任务总结**

本任务主要介绍了统计函数 COUNT、COUNTA、COUNTIF 的格式及使用方法；图标的创建、修改和格式化等。其中需要区分的是：

COUNT 函数统计的是数字类型的单元格个数。

COUNTA 函数统计的则是非空的单元格个数。

在工作表中地址的引用包括相对引用、绝对引用和混合引用，以及引用同一个工作簿中其他工作表的单元格、引用其他工作簿的单元格等。

制作图表时，应注意不同数据之间的关系，选择合适的数据类型，并根据需要对图表进行格式化，这样做不仅能使图表看起来更加美观，而且还能更加清晰、直观的反映出数据变化的趋势，方便用户作出科学、准确地分析。

课后练习

1．打开"班级评比量化表（素材）.xls"工作表中，并另存为"班级评比量化表.xls"。

2．把 A1:G1 单元格合并居中，字体设置为"隶书，24 号，蓝色，双下划线"。

3．利用函数计算各个小组的总分、平均分（平均分保留 1 位小数）。

4．参照样例图 3-47 所示，给表格设置边框和底纹，外边框为"深蓝色双线"，内边框为"黑色虚线"，给 A2:G2 单元格添加浅黄色底纹；将 A2:G12 区域内容设置水平和垂直居中。

	A	B	C	D	E	F	G
1				班级评比量化表			
2	组别	纪律分	礼仪分	卫生分	劳动分	总分	平均分
3	第一小组	87	82	77	80	326	81.5
4	第二小组	80	81	81	78	320	80.0
5	第三小组	75	76	88	77	316	79.0
6	第四小组	86	75	93	82	336	84.0
7	第五小组	72	80	84	79	315	78.8
8	第六小组	83	73	86	74	316	79.0
9	第七小组	81	77	78	80	316	79.0
10	第八小组	78	82	89	85	334	83.5
11	第九小组	85	84	82	76	327	81.8
12	第十小组	77	74	89	84	324	81.0
13							
14							
15		总分高于320分的小组个数	5				
16		平均分低于80分的小组个数	4				

图 3-47　班级评比量化表

5．利用 COUNTIF 函数统计"总分高于 320 分"和"平均分低于 80 分"的小组个数；

6．将 Sheet1 工作表改名为"量化表"，并将其复制一个工作表，改名为"筛选"。

7．在"筛选"工作表里自动筛选出纪律分和礼仪分都大于 80 的小组；

8．在"量化表"中根据各小组的总分制作三维簇状柱形图，标题"统计图"，图例位置在底部，数据标志显示"值"，作为对象插入在当前工作表中，图表标题设置字号 16，加粗，图表区填充效果渐变"雨后初晴"，背景墙填充纹理效果"白色大理石"。

任务四 工资统计表

任务描述

小张是一名应届毕业生，所学的是会计专业，目前是一家私企的会计，主要负责管理公司员工的工资。可刚工作不久，小张就遇到了一个难题：领导让她统计公司目前的员工总数和各部门的具体人数，并用饼图的形式显示出各部门人数所占的百分比（见图 4-50）；计算出公司员工每月的实际收入，并在工资表里显示出工资的高低等级（见图 3-48）。同时，利用计算出的实际收入，统计出实际最高工资、实际最低工资和实际平均工资，并利用姓名和实际工资两项内容制作公司工资的折线图（见图 3-49）。

员工编号	姓名	性别	部门	职务	基本工资	岗位津贴	补助	实发工资	收入等级
				远大公司员工工资统计表					
001	张璐	男	研发部	技术员	2281	1500	435	4216	中
002	宋思雨	女	行政部	总经理	3780	2850	950	7580	高
003	张羽驰	男	研发部	工程师	3830	2000	585	6415	高
004	刘想	女	客服部	文员	1860	850	286	2996	低
005	田锐	男	市场部	销售员	2800	1000	335	4135	中
006	王娇	女	研发部	技术员	2355	1500	435	4290	中
007	张识	男	市场部	销售员	2825	1000	335	4160	中
008	李雪	女	客服部	文员	1883	850	286	3019	低
009	齐海英	男	客服部	文员	1832	850	286	2968	低
010	任璃	男	客服部	经理	3454	1850	658	5962	中
011	董欢	男	客服部	文员	1800	850	286	2936	低
012	盖娃舍	女	市场部	经理	3600	1850	658	6108	高
013	徐美晨	男	行政部	文员	1800	850	286	2936	低
014	杨金雨	女	市场部	销售员	2230	1000	335	3565	低
015	徐伊雯	女	客服部	文员	1800	850	286	2936	低
016	鞠晓丹	男	研发部	技术员	2550	1500	435	4485	中
017	徐非凡	男	客服部	文员	1882	850	286	3018	低
018	史娇阳	女	行政部	文员	1800	850	286	2936	低
	最高实发工资							7580	
	最低实发工资							2936	
	平均实发工资							4148	
	公司总人数	18							
	部门	人数							
	行政部	3							
	市场部	4							
	研发部	4							
	客服部	7							

图 3-48　远大公司员工工资统计表

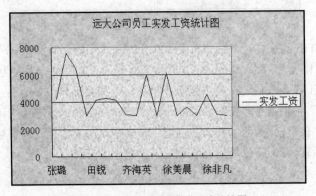

图 3-49　远大公司员工实发工资统计图

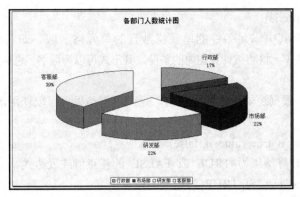

图 3-50 各部门人数统计图

 任务展示

本任务主要是以企业工资管理为例,介绍 Excel 的综合应用。主要包括 COUNTA、COUNTIF、IF、SUM、AVERAGE、MAX 及 MIN 函数的使用等。

 完成思路

首先,利用 COUNTA 和 COUNTIF 函数计算出公司总人数和各部门的人数,然后在图表向导中利用计算出来的数据创建图表,并设置图表类型为饼图。

利用 SUM 计算出公司员工每月的实际收入,用 IF 函数统计出工资的高低等级。同时,利用计算出的实际收入,统计出实际最高工资、实际最低工资和实际平均工资,并利用姓名和实际工资两项内容制作公司工资的折线图。

通过前面的分析,我们需要解决以下几个问题:

(1)分别用函数 COUNTA 和 COUNTIF 计算出员工总数和各部门的具体人数。

(2)利用图表向导创建图表,并设置图表类型为"分离型三维饼图","数据标志"选项卡中设置类别名称和百分比。

(3)利用 SUM 函数计算出公司员工每月的实际收入,利用 IF 函数统计出工资的高低等级。

(4)利用函数 MAX、MIN 和 AVERAGE,统计出实际最高工资、实际最低工资和实际平均工资,并利用姓名和实际工资两项内容制作公司工资的折线图。

 相关知识

1. 统计函数 COUNTA

COUNTA 函数:返回参数列表中非空值的单元格个数。利用函数 COUNTA 可以计算单元格区域或数组中包含数据的单元格个数。如果不需要统计逻辑值、文字或错误值,使用函数 COUNT。

COUNTA(value1,value2,...)

Value1, value2, ... 为所要计算的值,参数个数为 1 到 30 个。在这种情况下,参数值可以是任何类型,它们可以包括空字符 (""),但不包括空白单元格。如果参数是数组或单元格引用,则数组或引用中的空白单元格将被忽略。

2. COUNTIF 函数

COUNTIF 函数:主要是用来统计指定区域内满足给定条件的单元格的个数。

COUNTIF(range,criteria)

Range 为需要计算其中满足条件的单元格数目的单元格区域，即（范围）。

Criteria 为确定哪些单元格将被计算在内的条件，其形式可以为数字、表达式或文本，即（条件）。

3. IF 函数

执行真假值判断，根据逻辑计算的真假值，返回不同结果。可以使用函数 IF 对数值和公式进行条件检测。

IF(logical_test,value_if_true,value_if_false)

Logical_test 表示计算结果为 TRUE 或 FALSE 的任意值或表达式。

Value_if_true logical_test 为 TRUE 时返回的值。

Value_if_false logical_test 为 FALSE 时返回的值。

 任务实施

1. 计算员工实发工资

"工资统计表"中的员工实发工资等于基本工资、岗位津贴、补助 3 项的总和，可以用 SUM 函数计算得出。

➤ 利用 SUM 函数计算员工实发工资，具体步骤如下。

（1）鼠标单击 I3 单元格。

（2）选择"插入"菜单中"函数"命令，选中函数"SUM"。

（3）在"Number1"里面，设置数据区域。如图 3-51 所示。

（4）单击"确定"按钮。如图 3-52 所示。

（5）利用填充柄向下拖动计算出其他单元格的数值。

图 3-51 计算员工"实发工资"

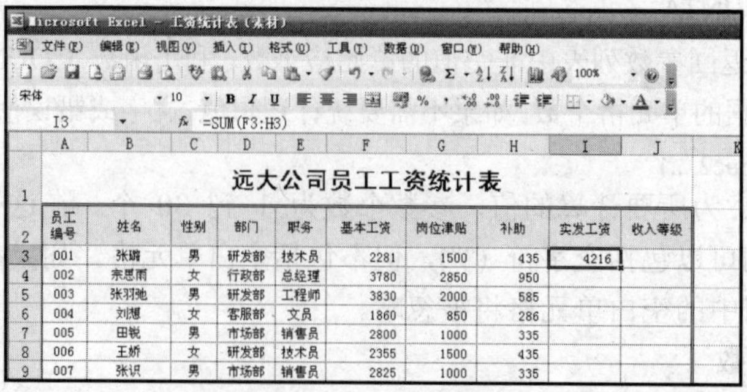

图 3-52 计算员工"实发工资"

2. 计算员工最高实发工资

➢利用 MAX 函数计算员工最高实发工资，具体步骤如下。

（1）鼠标单击 I21 单元格。

（2）选择“插入”菜单中“函数”命令，选中函数“MAX”。

（3）在“Number1”里面，设置数据区域。

（4）单击“确定”按钮。

（5）利用填充柄向下拖动计算出其他单元格的数值。如图 3-53 所示。

员工编号	姓名	性别	部门	职务	基本工资	岗位津贴	补助	实发工资	收入等级
001	张璐	男	研发部	技术员	2281	1500	435	4216	
002	宋思雨	女	行政部	总经理	3780	2850	950	7580	
003	张羽弛	男	研发部	工程师	3830	2000	585	6415	
004	刘想	女	客服部	文员	1860	850	286	2996	

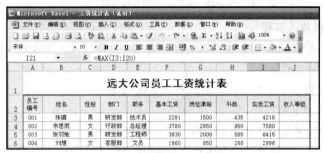

图 3-53　计算“最高实发工资”

3. 计算员工最低实发工资

➢ 利用 MIN 函数计算员工最低实发工资，具体步骤如下。

（1）鼠标单击 I22 单元格。

（2）选择“插入”菜单中“函数”命令，选中函数“MIN”。

（3）在“Number1”里面，设置数据区域。

（4）单击“确定”按钮。

（5）利用填充柄向下拖动计算出其他单元格的数值。如图 3-54 所示。

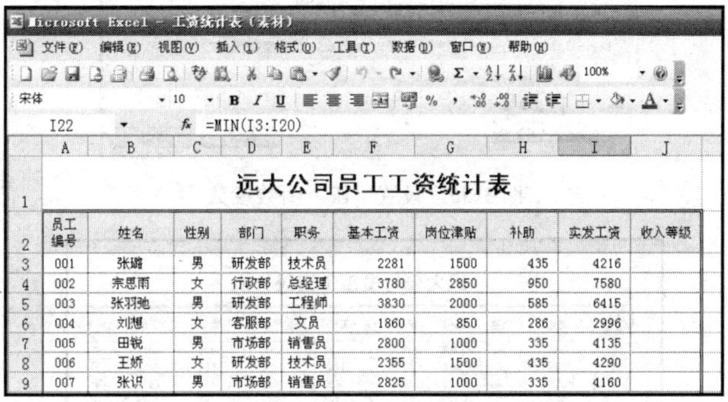

员工编号	姓名	性别	部门	职务	基本工资	岗位津贴	补助	实发工资	收入等级
001	张璐	男	研发部	技术员	2281	1500	435	4216	
002	宋思雨	女	行政部	总经理	3780	2850	950	7580	
003	张羽弛	男	研发部	工程师	3830	2000	585	6415	
004	刘想	女	客服部	文员	1860	850	286	2996	
005	田锐	男	市场部	销售员	2800	1000	335	4135	
006	王娇	女	研发部	技术员	2355	1500	435	4290	
007	张识	男	市场部	销售员	2825	1000	335	4160	

图 3-54　计算“最低实发工资”

4. 计算员工平均实发工资

➢利用 AVERAGE 函数计算员工最低实发工资，具体步骤如下。

（1）鼠标单击 I23 单元格。

（2）选择“插入”菜单中“函数”命令，选中函数“AVERAGE”。

（3）在“Number1”里面，设置数据区域。

（4）单击“确定”按钮。

（5）利用填充柄向下拖动计算出其他单元格的数值。如图 3-55 所示。

I23 =AVERAGE(I3:I20)

	A	B	C	D	E	F	G	H	I	J
1	远大公司员工工资统计表									
2	员工编号	姓名	性别	部门	职务	基本工资	岗位津贴	补助	实发工资	收入等级
3	001	张璐	男	研发部	技术员	2281	1500	435	4216	
4	002	宗思雨	女	行政部	总经理	3780	2850	950	7580	
5	003	张羽驰	男	研发部	工程师	3830	2000	585	6415	
6	004	刘想	女	客服部	文员	1860	850	286	2996	
7	005	田锐	男	市场部	销售员	2800	1000	335	4135	
8	006	王娇	女	研发部	技术员	2355	1500	435	4290	
9	007	张识	男	市场部	销售员	2825	1000	335	4160	

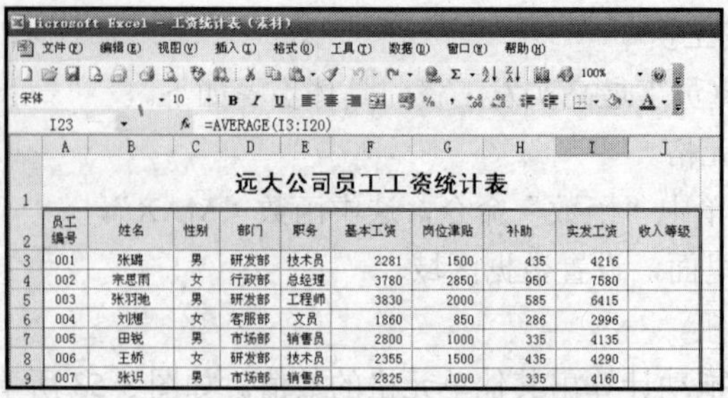

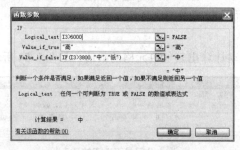

图 3-55 计算“平均实发工资”

5. 计算员工工资收入等级

当员工工资收入大于 6000 时，收入等级显示为高；工资收入大于 3800 时，小于 6000 时，显示为中；其他情况显示为低。

➤利用 IF 函数计算员工工资收入等级，具体步骤如下。

（1）鼠标单击 J3 单元格。

（2）选择“插入”菜单中“函数”命令，选中函数“IF”。

（3）在“Logical_test”里面，设置条件“I3>6000”。

（4）在“Value_if_true”里面，设置值为“高”。

（5）在“Value_if_false”里面，设置值为“IF(I3>3800,◎"中","低")”。如图 3-56 所示。

（6）单击“确定”按钮。

（7）利用填充柄向下拖动计算出其他单元格的数值。如图 3-57 所示。

图 3-56 设置“IF”函数参数

	A	B	C	D	E	F	G	H	I	J
1	远大公司员工工资统计表									
2	员工编号	姓名	性别	部门	职务	基本工资	岗位津贴	补助	实发工资	收入等级
3	001	张璐	男	研发部	技术员	2281	1500	435	4216	中
4	002	宗思雨	女	行政部	总经理	3780	2850	950	7580	高
5	003	张羽驰	男	研发部	工程师	3830	2000	585	6415	高
6	004	刘想	女	客服部	文员	1860	850	286	2996	低
7	005	田锐	男	市场部	销售员	2800	1000	335	4135	中
8	006	王娇	女	研发部	技术员	2355	1500	435	4290	中
9	007	张识	男	市场部	销售员	2825	1000	335	4160	中
10	008	李雪	男	客服部	文员	1883	850	286	3019	低
11	009	齐海英	男	客服部	文员	1832	850	286	2968	低
12	010	任璐	男	客服部	经理	3454	1850	658	5962	中
13	011	董欢	男	客服部	文员	1800	850	286	2936	低
14	012	盖姝含	女	市场部	经理	3600	1850	658	6108	高
15	013	徐美晨	男	行政部	文员	1800	850	286	2936	低
16	014	杨金雨	女	市场部	销售员	2230	1000	335	3565	低
17	015	徐伊雯	男	客服部	文员	1800	850	286	2936	低
18	016	鞠晓丹	男	研发部	技术员	2550	1500	435	4485	中
19	017	徐非凡	男	客服部	文员	1882	850	286	3018	低
20	018	史娇阳	女	行政部	文员	1800	850	286	2936	低
21		最高实发工资							7580	
22		最低实发工资							2936	
23		平均实发工资							4148	

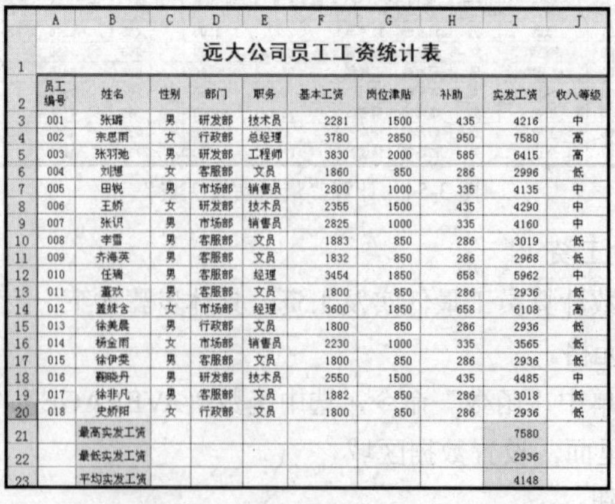

图 3-57 利用“IF”函数计算工资“收入等级”

6. 统计公司员工总数

➢利用 COUNTA 函数统计公司员工总数，具体步骤如下。

（1）鼠标单击 C25 单元格。

（2）选择"插入"菜单中"函数"命令，在"或选择类别"的下拉列表框中，选择"全部"，再在下面的"选择函数"列表框中选择"COUNTA"函数。

（3）在"Value1"里面，设置数据区域。

（4）单击"确定"按钮。如图 3-58 所示。

图 3-58　利用"COUNTA"函数统计公司总人数

7. 统计公司各部门人数

➢利用 COUNTIF 函数统计公司各部门人数，具体步骤如下。

（1）鼠标单击 C28 单元格。

（2）选择"插入"菜单中"函数"命令，在打开的对话框的"或选择类别"的下拉列表框中选择"全部"，再在下面的"选择函数"列表框中选中"COUNTIF"函数。

（3）在"Range"里面，设置数据区域。

（4）在"Criteria"里面，设置条件。

（5）单击"确定"按钮。如图 3-59 所示。

（6）按照上述同样方法，计算其他部门的人数。如图 3-60 所示。

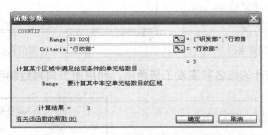

图 3-59　设置"COUNTIF"参数

21	最高实发工资			7580
22	最低实发工资			2936
23	平均实发工资			4148
24				
25	公司总人数	18		
26				
27	部门	人数		
28	行政部	3		
29	市场部	4		
30	研发部	4		
31	客服部	7		

图 3-60　利用"COUNTIF"函数统计公司各部门人数

8．根据图 3-60 所示的统计的各部门人数，利用图表向导绘制图表

具体设置要求如下。

（1）图表类型为"分离型三维饼图"；

（2）图表标题为"各部门人数统计图"；

（3）图例位置在"底部"；

（4）数据标签包括"类别名称"和"百分比"；

（5）将图表作为新工作表插入，新工作表名称为"统计图"；

（6）"图表区"的填充效果为"羊皮纸"。

具体操作步骤如下。

（1）利用鼠标左键，选中数据区域 B27:C31。

（2）选择"插入"菜单中的"图表"命令，选中"图表类型"饼图中的"分离型饼图"，然后单击"下一步"按钮，如图 3-61 所示。

（3）在"图表选项"对话框中，设置图表标题为"各部门人数统计图"；图例位置设置为"底部"；"数据标志"选项卡中，选中"类别名称"和"百分比"。

（4）单击"下一步"按钮。

（5）选择"作为新工作表插入"单选按钮，单击"完成"按钮完成图表绘制。如图 3-62 所示。

图 3-61　设置"图表类型"

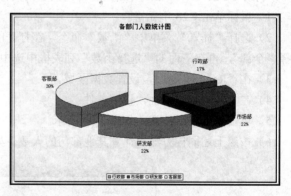

图 3-62　各部门人数统计图

9．根据图 3-57 中统计的姓名和实发工资两项，利用图表向导绘制图表

具体要求如下。

（1）图表类型为"数据点折线图"；

（2）标题名为"远大公司员工实发工资统计图"，主要刻度值为 2000；

（3）设置图表区填充效果为"花束"，绘图区填充效果为"新闻纸"。

（4）将图表"作为其中的对象插入"。

（5）单击"完成"按钮完成图表绘制，如图 3-63 所示。

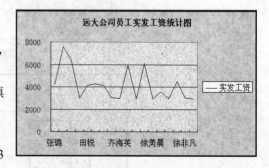

图 3-63　远大公司员工"实发工资"统计图

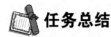 ## 任务总结

本任务主要是通过对企业工资的管理，介绍了在 Excel 中 COUNTA、COUNTIF 和 IF 函数的应用。

本任务的重点内容是 COUNTIF 和 IF 函数的使用，需要注意的是 IF 函数最多允许嵌套 7 层。在计算参数 value_if_true 和 value_if_false 后，函数 IF 返回相应语句执行后的返回值。

如果函数 IF 的参数包含数组（用于建立可生成多个结果或可对在行和列中排列的一组参数进行运算的单个公式。数组区域共用一个公式；数组常量是用作参数的一组常量），则在执行 IF 语句时，数组中的每一个元素都将计算。如果判断标准有汉字内容，则在汉字前后加上英文状态下的双引号""

课后练习

1. 打开素材"工资表练习（素材）"，并另存为"工资表.xls"，如图 3-64 所示。

	A	B	C	D	E	F	G	H
1	远大公司工资表							
2	员工编号	姓名	性别	部门	岗位津贴	责任津贴	补贴	应发工资
3		徐非凡	男	办公室	3000	1000		
4		史娇阳	男	销售部	2500	500		
5		程铭	女	办公室	2000	300		
6		王美琦	男	开发部	2500	500		
7		王丽娜	男	销售部	1800	200		
8		胡鑫	女	办公室	1800	200		
9		张璐	男	销售部	2000	300		
10		宗思雨	女	客服部	1800	200		
11		张羽弛	男	开发部	2500	500		
12		刘想	女	销售部	1800	200		
13		田锐	男	开发部	2500	500		
14		王娇	女	客服部	2500	500		
15		苏玥卉	女	销售部	1800	200		
16		王馨雨	男	开发部	2500	500		
17		张蕊	男	客服部	2500	500		
18		张识	男	客服部	2500	500		
19		李雪	男	销售部	1800	200		
20		齐海英	女	开发部	1800	200		
21								
22								
23		公司人数						
24		男员工数						
25		女员工数						

图 3-64　远大公司工资表

2. 填充员工编号，从"0001…0018"。

3. 利用 IF 函数计算"补贴"，男员工的补贴为 300 元，女员工为 500 元。

4. 利用公式计算"应发工资"，应发工资=岗位津贴+责任津贴+补贴。

5. A1:H1 单元格合并及居中，字体设置为"黑体、20 号、红色、行高为 30"。

6. A2:H20 加表格边框，内边框和外边框均为黑色单线，所有文字水平和垂直均为居中对齐，A2:H2 加浅绿色底纹。

7. 利用 COUNTA 函数计算"公司人数"，利用 COUNTIF 函数计算"男员工数"和"女员工数"。

8. 利用姓名和应发工资两列制作图表：图表类型选择"簇状条形图"，系列产生在列上，图表标题为"工资统计图"，图例在底部，作为新工作表插入，新工作表名为"统计图"，设置图表区为预设"羊皮纸"效果，绘图区为"水滴"纹理效果。

项目四
4 速汇办公文稿

📏 任务描述

甲乙丙丁科技有限公司新引进一批人才，公司王经理要在第一次例会上进行新员工培训，通知人事部门办公文员李琳做一个培训演示文稿。要求简单介绍公司的基本情况、公司的发展规划、公司规章制度等。文稿中要充分利用文字、图形、图像、动画、表格、图表、声音等表现形式，并要处理好文本和其他媒体之间的关系。

📚 任务展示

培训员工是每个公司都会经历的事情，而特别是对新进员工的培训，直接关系到后续工作的开展，在制作新员工培训文档时，一是要保证所描述的内容清晰、层次分明，让培训人员能通过演示文稿的展示对公司的大体情况有所了解；二是可运用多种表现形式，让所介绍的内容从视觉、听觉和感觉上活跃起来，对培训者大脑起到刺激作用，使培训内容在脑海里印象深刻。本任务将完成"新员工培训"文稿的制作。

📖 完成思路

李琳接到任务，感觉有点棘手，因为这是第一次制作 PPT 演示文稿。经过思考，她认为要制作一个效果较好的演示文稿，需要完成以下任务：

- 创建和编辑演示文稿。
- 在文稿上输入适当的内容。
- 设置幻灯片的外观。

相关知识

1. PowerPoint 2003 简介

PowerPoint 2003 是最为常用的多媒体演示软件，它可以将文字、图像、图形、动画、声音和视频剪辑等多种媒体对象集合于一体，在一组图文并茂的画面中显示出来。本任务以制作新员工培训的演示文稿为主线，将 PowerPoint 2003 的知识点融进演示文稿的幻灯片制作的案例中，系统地介绍了 PowerPoint 2003 中幻灯片中文本的使用及版式的控制，模板的使用，图形、图像和艺术字的使用，视频、声音、表格和图表的使用等，让读者通过案例在掌握运用 PowerPoint 2003 完成日常办公任务的同时，掌握 PowerPoint 2003 的使用。

2．演示文稿与幻灯片关系

在前面曾多次提到的专业术语"幻灯片"和"演示文稿"都是使用 PowerPoint 2003 软件制作的文档。下面分别讲解什么是幻灯片和演示文稿，以及幻灯片和演示文稿之间的关系。

（1）认识演示文稿和幻灯片。

演示文稿是发表者和观众进行双向交流的工具，也是演讲者对演讲内容进行宣传的一种手段。演示文稿的作用是辅助发表者和观众进行双向交流，如图 4-1 所示。如果只有发表者一个人唱独角戏，没有观众参与，这只是单向交流，并不能称之为好的演示文稿。

了解了演示文稿，幻灯片就很好理解了。演示文稿是由一张或者多张幻灯片组成的，而幻灯片又是由文字、图片、图表和表格等多种类型的对象所组成，它们之间是包含与被包含的关系，如图 4-2 所示。

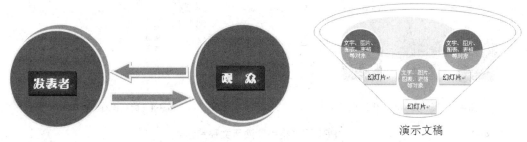

图 4-1　演示文稿的作用　　　　　图 4-2　幻灯片与演示文稿之间的关系

（2）认识幻灯片的组成元素。

前面已经介绍过，幻灯片主要由文字、图片、图表、表格等多种对象组成，各元素的作用分别介绍如下。

① 文字：为了传达信息，在演示文稿中使用文字是最基本的手段。文字根据字体、字号和间距的不同有着不同的传达效果，在放映演示文稿时会有许多限制。特别需要注意的是行间距和行数，如果行间距太小，就会显得十分沉闷；相反，如果行间距太大则会显得十分空洞。

② 图片：使用图片可以提高文字说明的视觉效果，制作出形象生动的演示文稿。在画面设计方面，使用图片可以填充空白部分，协调均匀感和比例感。在幻灯片中，图片可用于整个页面，也可用于各个对象，因布局的形态和使用目的不同而有所不同，但一般情况下使用图片的幻灯片更加生动，也可以提高观众的理解度。

③ 图表：图表由较多数据组成，可以让观众对统计结果一目了然。图表中的线条或图像能够替代文本在更短的时间内传达出需要观众理解的内容，因此必须掌握这种高效的表现元素。

④ 表格：表格用于整理内容，以进行比较。表格能通过行和列的交叉信息进行对比，因此能够让观众在短时间内接受传达的相关信息。

⑤ 表单：幻灯片有一个显著的特点就是能用表单技术有效地表现重复的内容。表单可以通过表格的形式表现，还可以通过多种图片或动画等技术，使观众更加轻松地理解演示文稿的内容。

⑥ 动画：幻灯片的最大优点是发表者能够方便地使用对象或幻灯片之间的各种动画效果吸引观众的注意力，但动画应该符合观众的需求，不应只是以方便发表者为目的。

3．演示文稿制作流程

制作一份成功的演示文稿不能急于求成，前期必须进行策划、收集素材等准备工作，之后再通过 PowerPoint 2003 制作。演示文稿的制作流程如图 4-3 所示。

（1）总体策划。在制作演示文稿前需要对其进行一次总体策划，如演示文稿的主题是什么，由哪些内容组成，其切入点是什么，需要用哪些元素表达，要达到什么样的效果……做到心中有数；然后再确定结构，如图 4-4 所示。总体策划是制作演示文稿的第一步，这一步对是否能成功制作出好的演示文稿起到决定性作用。例如，"PPT 写作指南"演示文稿的策划如表 4-1 所示。

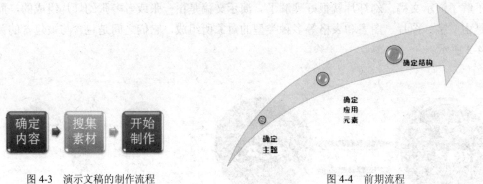

图 4-3 演示文稿的制作流程   图 4-4 前期流程

表 4-1   "PPT 写作指南"演示文稿策划表

步骤	项目	内容	备注
第一步 获取基本信息	什么场合	博文视点 OpenParty	张慧敏确认
	对什么人	有一定基础的 PPT 爱好者	
	多长时间	80 分钟	
	做什么用	辅助演讲	
第二步 目标确认	发生哪些改变	了解、认可以终为始的 PPT 写作思路掌握新写作方式的 基本步骤，操作要领主要掌握演绎法的应用	
	产生什么行动	开始在实践中尝试使用新的写作方式	
第三步 受众分析	是否有先入之见	有常见的以自我为中心的 PPT 写作思维	
	会关心哪些问题	真的需要改变？真的有用？是否适合自己？是否易学	
	什么会打动受众	实际的痛苦，实际的案例，详细的操作要点易用的工具	
第四步 达成方法策划	方法一	以故事唤起同感（痛苦），以案例讲述成功	故事的设计和加工
	方法二	现场互动一起实际操作，现场掌握	
	方法三	提供易用工具和操作方法	

（2）收集素材

确定策划的内容后即可开始收集素材，包括图片、文字和声音等，其中图片、声音等素材可以在网上下载。

（3）开始制作。准备工作完成后，即可开始制作幻灯片。制作幻灯片的基本步骤包括创建演示文稿，在幻灯片中输入文本、美化文本、插入图片、设置动画效果和放映演示文稿。

4．演示文稿制作原则

（1）配色原则。颜色对于每一种文档都是十分重要的，演示文稿也不例外。对于没有经过美术培训的人来说，如何选择用色往往会十分苦恼。初学者喜欢用多种不同的颜色来彰显演示文稿的丰富，其实这是配色的大忌，一个成功的演示文稿的颜色一般不应超过 3 种。在搭配颜色时一定要对颜色有所认识，只有明白这种颜色的含义，才能协调配色、巧妙达意。配色时可参照表 4-2 所示的色彩搭配表。

表 4-2　　　　　　　　　　　　色彩搭配表

色 彩 搭 配 表

序	颜色		风格	序	颜色		风格
1	深灰色 浅灰色 黑色		简单、大方	9	红色 黄色 蓝色		运动、轻快感
2	浅灰色 深灰色 紫色		时尚、高雅	10	紫色 灰色 深蓝色		忠厚、有品味
3	深灰色 浅灰色 海蓝色		时尚、高雅	11	紫色 灰色 浅紫		传统、高雅、优雅
4	淡黄色 浅绿色 土黄色		大自热、户外风情	12	紫色 鹅黄色 绿色		传统、高雅、优雅
5	玫红色 土黄色 蓝色		轻快、动感	13	橙色 黄色 蓝色		活泼、快乐、有趣的
6	橙黄色 青蓝色 紫红色		轻快、动感	14	青色 淡青色 粉色		可爱、快乐、有趣的
7	淡青色 淡紫色 淡粉色		柔和、明亮、温柔	15	橙色 淡青色 紫		可爱、快乐、有趣的
8	淡青色 白色 淡蓝色		柔和、洁净、爽朗	16	灰色 白色 紫灰色		简单、进步

（2）搜集素材的技巧。

打开一个搜索引擎，初学者往往会为输入什么关键字进行搜索而发愁。其实很简单，去繁就简，只要输入简短且达意的词语或短句即可快速搜索出大量所需的图片、声音等素材；切忌在搜索引擎中输入完整的句子，这样结果往往事与愿违、事倍功半。当搜索到理想的素材后，应该在计算机中分门别类建立相应文件夹，将具有相同特点的素材存放在一起，以便在制作演示文稿时方便调用。

（3）制作过程原则。

制作演示文稿的首要目的便是让观众能在短时间内接收到发表者给出的信息，所以在表现形式上一定要灵活。在制作演示文稿的过程中，尽量少出现文字，能用图片等多媒体代替的绝对不要用文字，因为观看长篇幅的文字很容易让观众产生视觉疲劳，而使用图片、声音、动画等多媒体的表现形式往往会比文字生动许多，而且观众也更容易接受。

演示文稿中第 1 张幻灯片十分重要，它就好比一个人的脸，第一时间映入观众的眼帘，因此应在第 1 张幻灯片上做足功夫；第 2 张以后的幻灯片在大体上应该风格统一，要让观众觉得演示文稿是一个整体。

5. PowerPoint 2003 基本操作

（1）创建幻灯片

创建一个新的演示文稿常常可以使用三种方法。执行菜单命令"文件"→"新建"，弹出如图 4-5 所示的任务窗格。

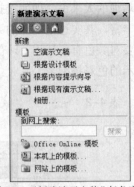

步骤 01 创建空演示文稿。在图 4-5 中单击"空演示文稿"，这种方法简单，给用户足够的设计空间。

步骤 02 根据设计模板创建。在图 4-5 中单击"根据设计模板"，在弹出的"应用设计模板"下拉列表框中选择合适的模板。

步骤 03 根据内容提示向导创建。在图 4-5 中单击"根据内容提示向导"，弹出"根据内容提示向导"对话框，根据提示逐步完成创建。

图 4-5 "新建演示文稿"任务窗格

（2）编辑幻灯片

步骤 01 幻灯片的视图方式有 3 种："普通"视图、"幻灯片浏览"视图、"幻灯片放映"视图。执行菜单命令"视图"→"普通"或"幻灯片浏览"或"幻灯片放映"即可进入相关视图。

步骤 02 添加新幻灯片。执行菜单命令"插入"→"新幻灯片"，在选定的位置插入新的幻灯片。

步骤 03 复制、移动幻灯片。选定幻灯片，执行菜单命令"编辑"→"复制"或"剪切"，到目标位置执行菜单命令"编辑"→"粘贴"，或者使用复制（或剪切和粘贴）的快捷键，或者单击"常用"工具栏上的复制（或剪切和粘贴）按钮来实现。

步骤 04 调整幻灯片顺序。选择需要更改位置的幻灯片，用鼠标左键拖住不放到目标位置释放。

步骤 05 删除幻灯片。选中要删除的幻灯片，按【Delete】键。或右键单击要删除的幻灯片，在弹出的快捷菜单中选择"删除幻灯片"命令。

 任务实施

1. 创建新的演示文稿

单击"开始"按钮，弹出"开始"菜单，单击"程序"→"Microsoft Office"→"Microsoft PowerPoint 2003"启动 PowerPoint 2003，新建一个版式为"标题幻灯片"的演示文稿，选择"文件"→"保存"命令，将文件保存为"新员工培训.ppt"。新建的演示文稿如图 4-6 所示。

2. 根据设计模板创建演示文稿

设计模板是预先定义好的演示文稿的样式、风格，包括了幻灯片的背景、图案、文字的布局、文字的字体、字号、颜色等。李琳找到了一款适合本主题的"crayons.pot"的模板。执行菜单命令"格式"→"幻灯片设计"，在窗口的右侧"幻灯片设计"任务窗格下选择"crayons.pot"模板，如图 4-7 所示。

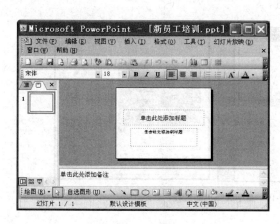

图 4-6　新建文稿"新员工培训.ppt"　　　　图 4-7　选择"crayons.pot"模板

3．输入幻灯片主题

在创建好的主题幻灯片上输入主题"新员工培训"，以及副主题"让我们携手共进"，如图 4-8 所示。

4．输入幻灯片文本内容

选择"插入"→"新幻灯片"命令，在新插入的演示文稿的第 2 张幻灯片上输入关于公司简介的内容，如图 4-9 所示。

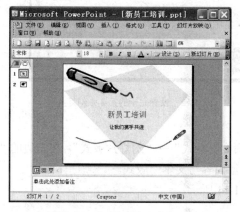

图 4-8　文稿主题幻灯片　　　　　　　　图 4-9　输入第二张幻灯片文本内容

5．设置字体

选中第 2 张幻灯片标题"公司简介"，选择"格式"→"字体"命令，在弹出的"字体"对话框中选择字体"隶书"，字形为"加粗"，字号为"48"，颜色为"红色"。选中文字"团结 合作 共发展"，按照刚才的方式打开"字体"对话框，设置字形为"加粗"，自定义颜色为红：100、绿：200、蓝：100。自定义颜色实施过程如下。

① 选定文字"团结 合作 共发展"，然后选择"格式"→"字体"命令，弹出"字体"对话框，如图 4-10 左图所示。

② 单击"颜色"列表框中的"其他颜色"按钮。打开如图 4-10 右图所示的对话框。单击"自定义"标签，分别设置红：100、绿：200、蓝：100，单击"确定"按钮。再回到图 4-10 左图所

示的"字体"对话框中单击"确定"按钮。

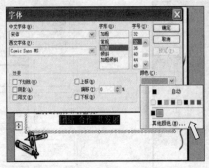

图 4-10 自定义颜色的过程

6．设置行距

选定第 2 张幻灯片的文本部分，执行菜单命令"格式"→"行距"，打开如图 4-11 所示的"行距"对话框，设置行距为 0.9 行，段前距为 0.8 行。字体和行距都设置好的幻灯片如图 4-12 所示。

图 4-11 设置行距   图 4-12 设置完毕的第 2 张幻灯片

7．设置幻灯片版式

按照前面的方法创建第 3 张幻灯片。执行菜单命令"格式"→"幻灯片版式"，在右边的"幻灯片版式"任务窗格中选择如图 4-13 所示的"标题，内容与文本"版式。

在文本框中输入内容后，设置好的幻灯片如图 4-14 所示。

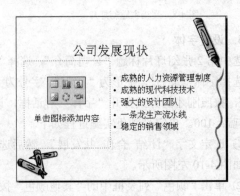

图 4-13 在"幻灯片版式"中选择"标题，内容与文本"   图 4-14 第 3 张幻灯片

8．插入剪贴画

在"任务实施 7"中创建的第 3 张幻灯片中单击"单击图标添加内容"中的"插入剪贴画"按钮，如图 4-15 左图所示，弹出如图 4-15 右图所示的"选择图片"对话框，选择"board meeting,communications…"剪贴画，单击"确定"按钮，创建如图 4-16 所示的剪贴画内容。另外，在幻灯片编辑状态下，执行菜单命令"插入"→"图片"→"剪贴画"，弹出如图 4-17 所示的"剪贴画"任务窗格，搜索"board meeting,communications…"剪贴画，鼠标右键单击该剪贴画，在弹出的快捷菜单中单击"插入"按钮，同样可以完成如图 4-16 所示的剪贴画的插入过程。

图 4-15　在"选择图片"对话框中选择对象

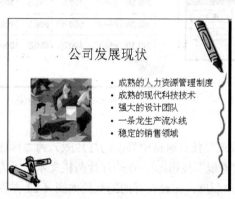 

图 4-16　插好图片的幻灯片　　　　　　图 4-17　"剪贴画"任务窗格

9．插入图表

新建第 4 张幻灯片，在幻灯片版式任务窗格中修改幻灯片版式为"标题，文本与图表"，在左边的文本框中输入相应的文本，在右边的添加图表区域双击图表按钮，如图 4-18 所示。在弹出的如图 4-19 左图所示的表格中修改相关数据后，可产生如图 4-19 右图所示的图表。另外，在幻灯片编辑状态下，选择"插入"→"图表"命令，也能进行如图 4-19 所示的图表的创建过程。

图 4-18　单击"插入图表"按钮

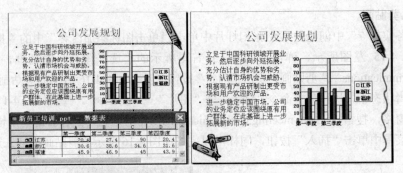

图 4-19　创建图表的过程

10．插入表格

新建第 5 张幻灯片，在"幻灯片版式"任务窗格中修改幻灯片版式为"标题和表格"，产生如图 4-20 左图所示的标题和表格幻灯片。双击"表格"图案按钮，弹出如图 4-20 右图所示的"插入表格"对话框并设置表格的行数和列数。表格设置完毕，选择"视图"→"工具栏"→"绘图"命令，在打开的"绘图"工具栏上单击"插入直线"按钮，将表格的第一个单元格设置为 ，编辑好的表格如图 4-21 所示。

图 4-20　在幻灯片中插入表格　　　　　　图 4-21　编辑好的表格

11．在幻灯片中插入文本框

给幻灯片添加第 6 张幻灯片，在"幻灯片版式"任务窗格中修改幻灯片版式为"标题和两栏文本"版式。单击"绘图"工具栏上的插入"文本框"按钮，在幻灯片两栏文本的上方分别插入一个文本框，分别输入"工作时间："和"工作制度："。设置好的幻灯片如图 4-22 左图所示。单击幻灯片上的 单击此处添加文本 ，添加如图 4-22 右图所示文本内容。

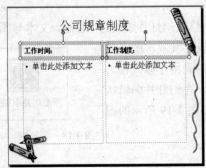

图 4-22　插入文本框

12．插入项目符号和编号

选定幻灯片右边的文本内容文本框，选择"格式"→"项目符号和编号"命令，弹出如图 4-23 所示的"项目符号和编号"对话框，在"项目符号"选项卡下，选中任意一种项目符号后，单击 图片(P)... 按钮，弹出"图片项目符号"对话框，选择其中的"blends,bullets, icons…"图片，单击"确定"按钮，生成如图 4-22 右图所示的项目符号。

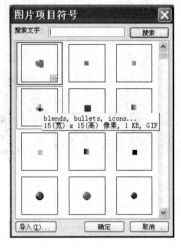

13．添加页眉和页脚

制作幻灯片时，可以使用 PowerPoint 2003 提供的设置页眉页脚功能，为每张幻灯片添加相对固定的信息，如公司名称、页码、制作时间等。

选择"视图"→"页眉和页脚"命令，打开如图 4-24 所示的"页眉和页脚"对话框。切换到"幻灯片"选项卡，选中"日期和时间"下的"自动更新"单选按钮，选择合适的时间日期形式，选中"页脚"复选框，在后面的文本框中输入"甲乙丙丁科技发展有限公司"，并选择"标题幻灯片中不显示"复选框，设置过程如图 4-24 左图所示。

图 4-23 "图片项目符号"对话框

在"页眉和页脚"对话框中切换到"备注和讲义"选项卡，选中"自动更新"单选按钮，在"日期"下拉列表框中选择一种日期形式，在"页眉"文本框中输入"新员工培训"，在"页脚"文本框中输入"甲乙丙丁科技发展有限公司"，最后单击"全部应用"按钮。设置过程如图 4-24 右图所示。

图 4-24 添加页眉和页脚

选定第 3 张幻灯片，选择"视图"→"备注页"命令，切换到备注视图下，效果如图 4-25 所示。

14．幻灯片放映

李琳经过上面 13 个任务的制作，决定试着播放一下看看效果。幻灯片放映方法为：选择"幻灯片放映"→"观看放映"命令。李琳觉得效果还可以就将做好的演示文稿交给了杨主任审查，并谦虚地请杨主任提出批评意见。

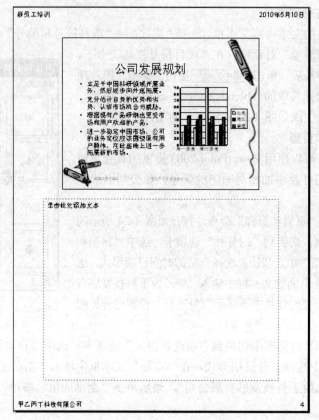

图 4-25　备注页视图下的效果

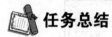任务总结

　　李琳利用 PowerPoint 所学知识制作完成了新人培训演示文稿，通过此次任务的实施，在制作过程中熟悉了 PowerPoint 2003 的工作环境，并能快速对文稿进行编辑、制作母版、创建幻灯片，在幻灯片中插入文字、艺术字、图片、图形，并对其进行相关设置，添加动画效果，具备了 PowerPoint 的基本操作能力。

　　课后练习

　　1．创建一个新的演示文稿，在"幻灯片设计"任务窗格中选择合适的模板，添加标题和副标题，内容随意。将演示文稿保存。

　　2．在上面建立的演示文稿中新建 4 张幻灯片，分别插入文本、剪贴画、表格和图表（内容对象自定义）。

　　3．对上面建好的 5 张幻灯片分别进行字体、段落等格式的设置。

　　4．为演示文稿建立第 6 张幻灯片，通过"绘图"工具栏绘出一个"日月争辉"的图形，并将画好的图形"组合"起来成为一个完整的图案。

　　5．为编辑好的演示文稿添加页眉和页脚。

　　6．保存演示文稿。

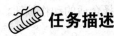 在演示文稿中添加特殊效果

任务描述

李琳做好新人培训演示文稿后，觉得效果还行，便请杨主任提点意见。杨主任接到李琳做好的演示文稿，认真看了一下，觉得整个幻灯片的安排还可以，文本内容、表格、图像、字体设置等处理地有条有理。只是整体效果并不太出色，显得比较呆板、不生动，没有体现 PowerPoint 的多媒体性和动画性。这样的演示文稿若上交给王经理，肯定被定位于不合格。因此，需要李琳再进行加工处理。

任务展示

演示文稿制作是否合格，内容不缺失是最基本的条件，而主要衡量标准还有其展现形式，这是演示文稿所拥有的优势，如果演示文稿仅仅只能像 Word 一样，传达最基本的文字信息，那我们使用演示文稿也没有什么意义了。本任务就是要求在已制作的新人培训文档中加入特殊的效果。

完成思路

李琳觉得杨主任提的意见很正确，自己再看时，确实感觉很单调、乏味。经过一番思考，她觉得如果要让幻灯片看起来效果更好，需要完成下面几个任务：

- 为演示文稿添加背景、自定义配色方案；
- 用动画方案让文稿变得活泼生动；
- 添加音乐或声音效果；
- 添加动作按钮增强演示文稿的交互性；
- 设置演示文稿的播放形式。

相关知识

1. 设置演示文稿外观

步骤 01　添加背景。选择"格式"→"背景"命令，在"背景"对话框中的"渐变"、"纹理"、"图案"和"图片"选项卡中进行背景的修改。

步骤 02　应用和编辑配色方案。选择"格式"→"幻灯片设计"命令，打开"幻灯片设计"任务窗格，单击"配色方案"。在"应用配色方案"列表框中选择合适的配色，如图 4-26 左图所示。如果对列表框中的颜色都不满意，可以单击"编辑配色方案"超链接，打开"编辑配色方案"对话框，在"自定义"选项卡中，自由设置背景、文本和线条、阴影、标题文本等项目的颜色。

2. 在演示文稿中添加动画效果

选择"幻灯片放映"→"自定义动画"命令，在"自定义动画"任务窗格中可以给幻灯片中的对象设置"进入"、"强调"、"退出"和"动作路径"等动画效果。前 3 种动画效果的设置参照

"工作任务二"中的详细讲述。设置"动作路径"动画效果的过程如下：选择"幻灯片放映"→"自定义动画"命令，在"自定义动画"任务窗格中单击"动作路径"项，在其级联菜单中选择合适的动作路径方式。同时，用户还可以通过"绘制自定义的路径"自由设计动作路径方式，如图 4-27 所示。

3．添加动作按钮

选择"幻灯片放映"→"动作按钮"命令，在"动作按钮"的子菜单中选择合适的动作按钮，并设置该按钮链接的对象或位置。

4．添加音乐或声音

选择"插入"→"影片和声音"命令，可以为幻灯片添加声音和影片的效果，让演示文稿更具有吸引力。

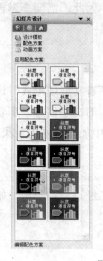

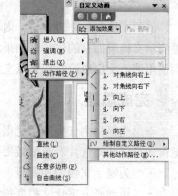

图 4-26　应用和编辑配色方案　　　　　图 4-27　设置"动作路径"动画效果

5．添加背景音乐，并连续播放

选择"插入"→"影片和声音"→"文件中的声音"命令，在弹出的对话框中选中合适位置的声音文件插入到当前的幻灯片中，如图 4-31 所示，在"您希望在幻灯片放映时如何开始播放声音？"的提示框中，单击"自动"按钮。然后在小喇叭上单击右键弹出快捷菜单，在其中选择"自定义动画"命令，则在窗口右侧弹出的"自定义动画"任务窗格。在任务窗格中选择"添加效果"→"声音操作"→"播放"命令，在自定义动画的下方找到相应声音文件的名称，单击右键，在弹出的快捷菜单中单击"效果"选项，在弹出的"播放声音"对话框中设置停止播放的方式。如果希望连续 N 张幻灯片播放背景音乐，就可以选择"在 N 张幻灯片后"；若演示文稿共 8 张幻灯片，选择"在 8 张幻灯片后"这样音乐就可以贯穿整个演示文稿了；背景音乐插入后，在放映幻灯片时会有一个图标，如果不想显示该图标，可以在"播放声音"对话框中的"声音设置"选项中选择"幻灯片放映时隐藏声音图标"。

6．设置演示文稿的放映方式

选择"幻灯片放映"→"设置放映方式"命令，在打开的"设置放映方式"对话框中可选择"演讲者放映"、"观众自行浏览"和"在展台浏览"，以供用户在各种环境下使用。

任务实施

1. 为演示文稿添加背景

（1）为演示文稿添加"渐变"的背景效果。

选中第 2 张幻灯片，选择"格式"→"背景"命令，弹出如图 4-28 左图所示的"背景"对话框，单击"填充效果"选项，打开"填充效果"对话框，切换到"渐变"选项卡，在"颜色"组合框中选择"预设"单选按钮，在右边的"预设颜色"下拉列表框中选中"雨后初晴"，在下面的"底纹样式"选项组中，选择"角部辐射"单选按钮后单击"确定"按钮，然后返回"背景"对话框，单击"应用"按钮完成渐变效果的设置。设置的过程如图 4-28 右图所示，设置的幻灯片效果如图 4-29 所示。

图 4-28　"背景"对话框和"填充效果"对话框　　　　　图 4-29　设置"渐变"效果图

（2）为演示文稿添加"纹理"的背景效果。

选中第 3 张幻灯片，在"填充效果"对话框中切换到"纹理"选项卡。在"纹理"选项组中，通过鼠标拖动选中"水滴"纹理，单击"确定"按钮，然后返回"背景"对话框，单击"应用"按钮完成纹理效果的设置。设置的过程如图 4-30 左图所示，设置的幻灯片效果如图 4-30 右图所示。

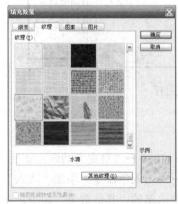

图 4-30　设置"纹理"效果过程图

2. 添加音乐、声音或视频效果

选中第 1 张幻灯片，选择"插入"→"影片和声音"→"文件中的声音"命令，打开如

图 4-31 左图所示的"插入声音"对话框，选择需要的声音文件后单击"确定"按钮，弹出如图 4-31 右图所示的"您希望在幻灯片放映时如何开始播放声音？"的提示框，单击"自动"或"在单击时"按钮，便可将选定的声音文件插入到幻灯片中。用类似的方法可以在演示文稿中插入影片文件。

图 4-31 插入声音文件的过程

3. 添加动作按钮

选中第 6 张幻灯片，选择"幻灯片放映"→"动作按钮"命令，在其子菜单中单击"动作按钮：第一张"，如图 4-32 左图所示。当鼠标指针变成"＋"时，在幻灯片的右下角按住鼠标左键不放拖动鼠标，绘制出如图 4-32 右图右下角所示的动作按钮，同时会弹出"动作设置"对话框，在"超链接到"下拉列表框中选择"第一张幻灯片"，单击"确定"按钮。设置过程如图 4-32 所示。

图 4-32 添加动作按钮的过程

4. 使用动画方案

（1）设置自定义动画。

选中第 1 张标题幻灯片的标题文本框，选择"幻灯片放映"→"自定义动画"命令，打开"自定义动画"任务窗格，再选择"添加效果"→"进入"→"飞入"命令，添加"飞入"效果。执行过程如图 4-33 所示。选中副标题文字，选择图 4-33 中出现的"其他效果"命令，在打开如图 4-34 所示的"添加进入效果"对话框中，在"温和型"选项组中选择"回旋"效果。

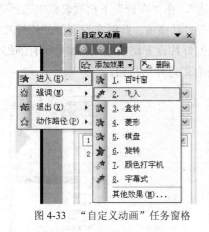

图4-33　"自定义动画"任务窗格　　　　图4-34　"添加进入效果"对话框

（2）添加强调效果。

选中第4张幻灯片中的图表，在"自定义动画"任务窗格，选择"添加效果"→"强调"→"陀螺旋"命令，添加过程如图4-35左图所示。在图4-35右图中选择"数量"的下拉列表框中选择"完全旋转"和"顺时针"选项，"速度"为"中速"，由此可以强调该对象的动画效果。选择"添加效果"→"强调"→"其他效果"命令，可添加更多的强调动画效果。

（3）添加退出效果。

选中第5张幻灯片的标题，设置字体颜色为红色：247、绿色：202、蓝色：77，并加粗。选择"添加效果"→"退出"→"其他效果"命令，在弹出的如图4-36所示的"添加退出效果"对话框中选择"温和型"选项组中的"颜色打字机"选项，单击"确定"按钮确认。

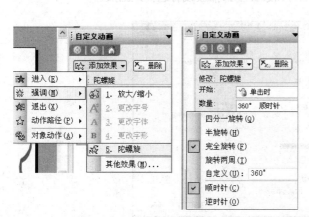

图4-35　添加"强调"动画效果　　　　　图4-36　添加退出效果

（4）设置幻灯片的切换效果。

对整个演示文稿选择"视图"→"幻灯片浏览"命令，将幻灯片从普通视图切换到幻灯片浏览视图，如图 4-37 所示。选中第 1 张幻灯片，选择"幻灯片放映"→"幻灯片切换"命令，打开如图 4-38 所示的"幻灯片切换"任务窗格。在任务窗格的"应用于所选幻灯片"列表框中选择"新闻快报"选项，在"速度"下拉列表框中选择"中速"，在"声音"下拉列表框中选择"风铃"，"换片方式"可选择"单击鼠标时"或"每隔 00：02"自动播放。此时在设置好的幻灯片的左下角会出现动画标志 ☆ 00:02 。用类似的方法可以为其他幻灯片设置切换效果。如果所有的幻灯片用的是同一种切换效果，可单击图 4-38 中的"应用于所有幻灯片"按钮。

图 4-37　幻灯片浏览视图　　　　　　　　　　　　图 4-38　"幻灯片切换"任务窗格

5．设置演示文稿的放映方式

通过前面的所有操作，演示文稿设置基本完成。PowerPoint 2003 提供了 3 种放映方式，供用户在不同环境下使用。选择"幻灯片放映"→"设置放映方式"命令，打开如图 4-39 所示的"设置放映方式"对话框。在"放映类型"选项组中可以选择"演讲者放映"、"观众自行浏览"和"在展台浏览"。在"放映幻灯片"选项组中可以选择全部播放或有选择地播放。

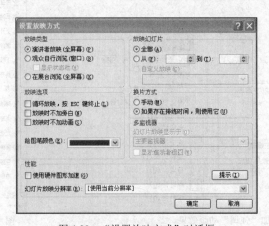

图 4-39　"设置放映方式"对话框

任务总结

修改后的演示文稿得到了杨主任的认同，在演示文稿的制作中，主要利用文字的颜色、动画效果、图形和图案等，使展示效果更加直观明了，同时还可插入声音以使文稿声图并茂，加之合理生动的动画效果使被培训人员印象深刻。

课后练习

1．制作一个以"校园文化"为主题的演示文稿。要求：

（1）每一张幻灯片中出现的文字自行组织。

（2）添加第 1 张"只有标题"版式的幻灯片标题字号：54，字体：华文彩云，带文字阴影；在幻灯片右上角利用文本框插入文字"作者：（自己真实的姓名）"；幻灯片背景的填充采用"蓝色砂纸"纹理；所有文字均预设动画为"飞入"效果。

（3）添加第 2 张幻灯片版式为文本与剪贴画，剪贴画自行选择；自定义动画：标题和文本均为"溶解"效果；图像为"右侧切入"效果，并设置在前一事件后 1 秒钟启动动画；动画顺序为：标题——图像——文本。

（4）添加第 3 张幻灯片，版式为剪贴画与垂直排列文本；所有对象均预设动画为"飞入"效果；幻灯片背景采用"过渡"效果填充，预设颜色为"雨后初晴"，底纹式样采用"角部辐射"方式。

（5）添加第 4 张幻灯片，幻灯片版式为垂直排列文本；标题居中显示；插入"小雨中的回忆.mid"音乐文件（自行下载），把出现在幻灯片中的喇叭图标拖到右上角，在喇叭图标前面输入文本框文字"点击喇叭图标欣赏美妙音乐"，并设置文本框文字字号为"16"。

（6）设置所有幻灯片的切换方式为"盒状展开，中速"。

（7）放映幻灯片，观看演示效果。将演示文稿以"校园文化.ppt"文件名保存到以自己的班级姓名为文件夹名的文件夹中。

2．使用 PowerPoint 2003 制作一个"个人简介"。要求：

（1）幻灯片至少 6 页，幻灯片切换方式不得少于 6 种。

（2）演示文稿中至少插入文本、图片、背景音乐和一小段视频文件等内容。

（3）给演示文稿中插入的各内容添加动画效果，不少于 5 个效果。

（4）设置放映方式为"观众自行浏览"。

（5）将演示文稿保存为"我的个人简介.pps"（注，"pps"是 PowerPoint 演示格式）。

项目五

加快办公效率

任务一　组建小型局域网

任务描述

现今，家庭计算机的普及率越来越高，一个家庭拥有两台或两台以上的计算机是很平常的事情。而且随着互联网的迅速发展，家庭上网的普及率越来越高，因此家庭的所有计算机都要联网成了当务之急。本任务主要是讲授怎样组建家庭小型局域网。

任务展示

很多用户对于组建家庭局域网感到无从下手，其实组建家庭局域网并不需要很复杂的方法，恰恰相反，任何用户都可以使用简单、快捷的方法来完成局域网的组建。图 5-1 所示为一个小型局域网的布局。

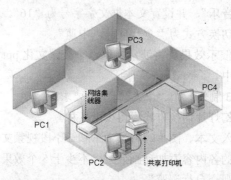

图 5-1　小型局域网布局图

完成思路

小型局域网的组建至少需要两台或两台以上的计算机。除了计算机以外，组建小型局域网的常用工具和设备有网卡、集线器、网线、RJ-45 接头、压线钳、测线器等。本任务主要通过这些设备来组建小型的局域网，并实现文件资源的共享、信息的传送。

组建小型局域网的具体方案如下。

（1）常用工具和设备的准备。网卡、集线器、网线、RJ-45 接头、压线钳和测线器等。

（2）安装网卡。

（3）制作网线。

（4）连接及设置局域网。

（5）设置工作组及共享文件。

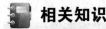 **相关知识**

1. 网络结构

网络中结点的互连模式叫网络的拓扑结构。小型局域网中常用总线型拓扑结构和星形拓扑结构。

（1）总线结构。

总线结构采用单根传输线（总线）连接网络中的所有结点（工作站和服务器），任一站点发送的信号都可以沿着总线传播，能被其他所有结点接收。适用于计算机数量较少、机器较集中的单位，如小型办公网络、游戏网络。总线结构的缺点是：不能集中控制；故障检测需在网上的各个结点间进行，一个连接结点故障有可能导致全网不能通信；在扩展总线的干线长度时，需重新配置中继器、剪裁电缆、调整终端器等；对计算机数量较多、位置相对分散、传输信息量较大的网络建议不使用总线结构。总线结构如图 5-2 所示。

（2）星形结构。

星形结构网络中有一个唯一的转发结点（中央结点），每一台计算机都通过单独的通信线路连接到中央结点。信息传送方式、访问协议十分简单。它的优点是利用中央结点可方便地提供服务和重新配置网络；单个连接点的故障只影响一个设备，不会影响全网，容易检测和隔离故障，便于维护。而缺点是每个站点直接与中央结点相连，需要大量电缆，因此费用较高；如果中央结点产生故障，则全网不能工作，对中央结点的可靠性要求很高。星形结构如图 5-3 所示。

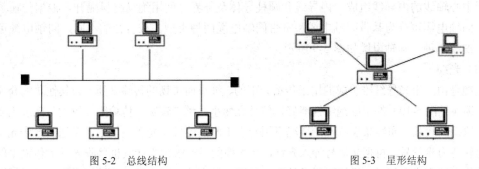

图 5-2　总线结构　　　　　　　　　　　　　　　　图 5-3　星形结构

2. 网卡

网卡（Network Interface Card，NIC）也叫网络适配器，是连接计算机与网络的硬件设备。网卡插在计算机或服务器扩展槽中，通过网络线（如双绞线、同轴电缆或光纤）与网络交换数据、共享资源。常用的网卡有双绞线网卡（如图 5-4 所示）、同轴电缆网卡（如图 5-5 所示）、光缆网卡（如图 5-6 所示）。

图 5-4　双绞线网卡　　　　　　图 5-5　同轴电缆网卡　　　　　　图 5-6　光缆网卡

3．集线器

集线器（HUB）是局域网中计算机和服务器的连接设备，是局域网的星型连接点，每个工作站是用双绞线连接到集线器上，由集线器对工作站进行集中管理。集线器有多个用户端口（8 口或 16 口）（见图 5-7），用双绞线连接每一端口和网络站（工作站或服务器）。数据从一个网络站发送到集线器上后，就被中继到集线器中的其他所有端口，供网络上每一用户使用。

图 5-7 普通 8 口集线器

4．网络传输介质

网络传输介质是网络中传输数据、连接各网络站点的实体，如双绞线、同轴电缆、光纤，网络信息还可以利用无线电系统、微波无线系统和红外线技术传输。

（1）双绞线电缆。

双绞线电缆是将一对或一对以上的双绞线封装在一个绝缘外套中而形成的一种传输介质，是目前局域网最常使用的一种布线材料。为了降低信号的干扰程度，电缆中的每一对双绞线一般由两根绝缘铜导线相互扭绕而成，双绞线电缆也因此而得名。双绞线电缆如图 5-8 所示。

图 5-8 双绞线电缆

（2）同轴电缆。

同轴电缆是由一根空心的外圆柱导体和一根位于中心轴线的内导线组成。内导线和圆柱导体及外界之间用绝缘材料隔开。根据传输频带的不同，同轴电缆可分为基带同轴电缆和宽带同轴电缆两种类型。按直径的不同，同轴电缆可分为粗缆和细缆两种。同轴电缆如图 5-9 所示。

（3）光缆。

光缆是由一组光导纤维组成的用来传播光束的、细小而柔韧的传输介质。与其他传输介质相比较，光缆（见图 5-10）的电磁绝缘性能好，信号衰变小，频带较宽，传输距离较大。光缆主要是在要求传输距离较长，布线条件特殊的情况下用于主干网的连接。光缆通信由光发送机产生光束，将电信号转变为光信号，再把光信号导入光纤，在光缆的另一端由光接收机接收光纤上传输来的光信号，并将它转变成电信号，经解码后再处理。光缆的最大传输距离远、传输速度快，是局域网中传输介质的佼佼者。光缆的安装和连接需由专业技术人员完成。

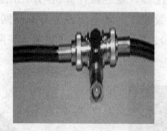

图 5-9 同轴电缆

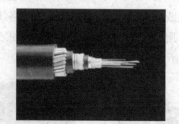

图 5-10 光缆

5．局域网互连设备

常用的局域网互连设备有中继器（见图 5-11）、网桥（见图 5-12）、路由器（见图 5-13）以及网关等。

（1）中继器（Repeater）。

中继器用于延伸同型局域网，在物理层连接两个网络，在网络间传递信息。中继器在网络间传递信息起信号放大、整形和传输作用。当局域网物理距离超过了允许的范围时，可用中继器将该局域网的范围进行延伸。很多网络都限制了工作站之间加入中继器的数目，例如，在以太网中最多使用 4 个中继器。

（2）网桥（Bridge）。

网桥是指数据层连接两个局域网络段，网间通信从网桥传送，网内通信被网桥隔离。网络负载重而导致网络性能下降时，用网桥将其分为两个网络段，可最大限度地缓解网络通信繁忙的程度，提高通信效率。例如，把分布在两层楼上的网络分成每层一个网络段，用网桥连接。网桥同时起隔离作用，一个网络段上的故障不会影响另一个网络段，从而提高了网络的可靠性，如图 5-12 所示。

（3）路由器（Router）。

路由器用于连接网络层、数据链路层、物理层执行不同协议的网络。协议的转换由路由器完成，从而消除了网络层协议之间的差别，如图 5-13 所示。路由器适合于连接复杂的大型网络。路由器的互连能力强，可以执行复杂的路由选择算法，处理的信息量比网桥多，但处理速度比网桥慢。

图 5-11 中继器

图 5-12 网桥

图 5-13 路由器

任务实施

1．安装网卡

步骤 01 打开机箱，将网卡安装在主板的 PCI 插槽内，上紧螺丝。

步骤 02 启动计算机后，系统会自动检测网卡设备，检测到之后，如果系统自带了该型号的网卡驱动，则会自动安装，否则需安装网卡驱动。

2．制作网线

步骤 01 准备工作。准备好双绞线、RJ-45 插头和一把专用的压线钳，如图 5-14 所示。

步骤 02 剥线。用压线钳的剥线刀口将双绞线的外保护套管划开（小心不要将里面的双绞线的绝缘层划破），刀口距双绞线的端头至少 2cm。如图 5-15 和图 5-16 所示。

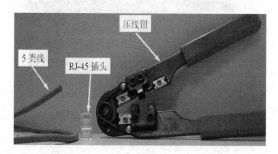
图 5-14 双绞线、RJ-45 插头、压线钳

图 5-15 剥线-1

步骤 03 以采用 568B 标准为例，剥开双绞线外保护层后，首先，将 4 对线缆按橙、蓝、绿、棕的顺序排好，然后再按橙白、橙、绿白、蓝、蓝白、绿、棕白、棕的顺序分别排放每一根电缆，如图 5-17 所示。

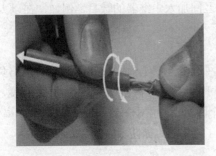

图 5-16　剥线-2

图 5-17　采用 568B 标准对对双绞线排序

步骤 04 剪线。将 8 根导线平坦整齐地平行排列，如图 5-18 所示，导线间不留空隙，然后用压线钳的剪线刀口将 8 根导线剪断，如图 5-19 所示。

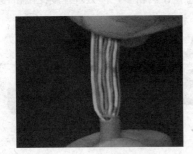

图 5-18　8 根导线平坦排列

图 5-19　压线钳剪断双绞线

步骤 05 插线。将剪断的电缆线放入 RJ-45 插头试试长短（要插到底），电缆线的外保护层最后应能够在 RJ-45 插头内的凹陷处被压实。如图 5-20 所示。

步骤 06 压线。在确认一切都正确后（特别要注意不要将导线的顺序排列反了），将 RJ-45 插头放入压线钳的压头槽内，准备最后的压实。如图 5-21 所示。

步骤 07 压线。双手紧握压线钳的手柄，用力压紧。注意，在这一步骤完成后，插头的 8 个针脚接触点就穿过导线的绝缘外层，分别和 8 根导线紧紧地压接在一起，如图 5-22 所示。

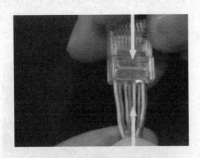

图 5-20　剪断的电缆线放入 RJ-45 插头

图 5-21　用压线钳将 RJ-45 插头压实

步骤 08 使用测线器（如图 5-23 所示）检验电缆的连通性。

图 5-22　用压线钳将 RJ-45 插头压实

图 5-23　测线器

3．局域网连接及配置

步骤 01 将制作好的网线一头接集线器一头接计算机网卡，按照星形拓扑结构进行布局和连接，如图 5-24 所示。

步骤 02 对每一台计算机进行网络设置。进入"控制面板"，单击"网络连接"，在"网络连接"窗口中，右键单击"本地连接"，选择快捷菜单中的"属性"命令，打开"本地连接属性"对话框，如图 5-25 所示。

步骤 03 在"本地连接属性"对话框中，选择"Internet 协议（TCP/IP）"，然后单击下方的"属性"按钮，打开"Internet 协议（TCP/IP）属性"对话框。选中"使用下面的 IP 地址"单选按钮，在 IP 地址栏输入事先分配好的 IP 地址（另外的计

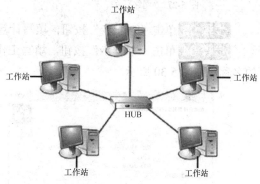

图 5-24　星形拓扑结构图

算机分别输入其他事先分配好的 IP 地址）。所有计算机的子网掩码均设置为 255.255.255.0，默认网关均设置为 218.198.12.129，如图 5-26 所示。

图 5-25　"本地连接属性"对话框

图 5-26　"Internet 协议（TCP/IP）属性"对话框

4．设置工作组和文件共享

设置工作组。要想和对方共享文件夹必须确保双方处在同一个工作组中。

步骤 01 进入"网上邻居"，单击左侧的"设置家庭或小型办公网络"，如图 5-27 所示。

步骤02 单击"下一步"按钮，选择连接方法，即本机与 Internet 的连接方式，不影响局域网内共享文件，如图 5-28 所示。

图 5-27 "网络任务"栏

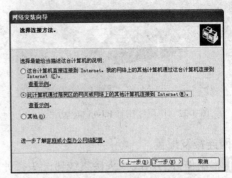

图 5-28 网络安装向导-选择连接方法

步骤03 单击"下一步"按钮，填写计算机描述和名称，如图 5-29 所示。

步骤04 单击"下一步"按钮，填写工作组名称，"工作组名"一定要确认双方设置为相同的名称，如图 5-30 所示。

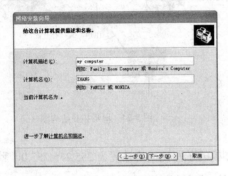

图 5-29 网络安装向导-设置计算机名称

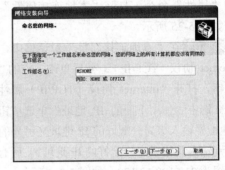

图 5-30 网络安装向导-命名工作组名称

步骤05 选中"启用文件和打印机共享"单选按钮后，完成设置，重启计算机，如图 5-31 所示。

5. 设置文件共享

打开资源管理器，右键单击需要共享的文件夹，选择"共享和安全"命令，在弹出的对话框中选择"在网络上共享这个文件夹"复选框，把该文件夹设置为共享文件夹，如图 5-32 所示。

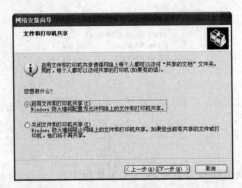

图 5-31 启用文件和打印机共享

图 5-32 文件夹属性对话框

6. 浏览共享资源

步骤 01 在桌面上双击"网上邻居"，打开"网上邻居"窗口。在左侧窗口的"网络任务"栏中，选择"查看工作组计算机"链接，打开如图 5-33 所示的窗口。

步骤 02 在工作组"Mshome"中看到在这个工作组下的计算机。要查看 13e63e12da14dd 计算机上的共享文件"讲稿"，则双击该计算机图标，可以看到这台计算机上的所有共享资源。双击"讲稿"文件夹，就可以查看共享资源，如图 5-34 所示。

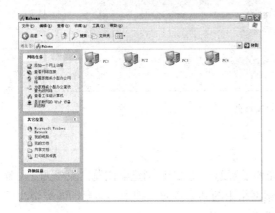　

图 5-33　Mshome 工作组窗口　　　　图 5-34　计算机共享资源窗口

 任务总结

本任务介绍了常用的小型局域网的组建设备和工具，讲解了网线的制作、网卡的安装和本地连接的配置。掌握了在配置好的小型局域网内进行计算机工作组和共享文件夹的设置。最后通过网络中的计算机查看共享文件夹中的资源。

 获取、共享网络资源

 任务描述

互联网的快速发展为用户提供了多样化的网络与信息服务。用户可以利用局域网和 Internet 实现资源共享、信息传输、电子邮件发送和接收、信息查询、语音与图像通信服务等功能。

📚 任务展示

IE 浏览器是最常用的浏览器之一。通过浏览器打开搜索引擎查找所需要的资源是在网络中获取使用共享网络资源最简单的方法之一。本任务主要是使用 IE 浏览器搜索所需要的资源，并下载搜索到的各类网络资源。使用 IE 浏览器打开的搜索引擎。如图 5-35 所示。

图 5-35   百度首页

 完成思路

要想通过网络获取并使用共享网络资源，首先要了解怎样使用 IE 浏览器浏览网页资源、收藏网页资源，还要能通过网络中常用的搜索引擎搜索网络中的共享资源。搜索到需要的各类资源后可以通过下载来把搜索到的资源保存到本地计算机中。

 相关知识

1．Internet 基础知识

（1）计算机网络发展历程。

随着 1946 年世界上第一台电子计算机问世后的 10 多年时间内，由于价格很昂贵，计算机数量极少。早期的计算机网络主要是为了解决计算机数量少的问题而产生的，其形式是将一台计算机经过通信线路与若干终端直接连接，人们把这种方式看做是最简单的局域网雏形。

最早的网络（ARPAnet）是由美国国防部高级研究计划局（ARPA）建立的。现代计算机网络的许多概念和方法，如分组交换技术都来自 ARPANET。ARPANET 不仅进行了租用线互联的分组交换技术研究，而且进行了无线、卫星网的分组交换技术研究，其结果导致了 TCP/IP 的问世。

1977 年至 1979 年，ARPANET 推出了目前形式的 TCP/IP 体系结构和协议。1980 年前后，ARPANET 上的所有计算机开始了 TCP/IP 的转换工作，并以 ARPANET 为主干网建立了初期的Internet。1983 年，ARPAnet 的全部计算机完成了向 TCP/IP 的转换，并在 UNIX（BSD4.1）上实现了 TCP/IP。ARPANET 在技术上最大的贡献就是 TCP/IP 的开发和应用。2 个著名的科学教育网 CSNET 和 BITNET 先后建立。1984 年，美国国家科学基金会 NSF 规划建立了 13 个国家超级计算中心及国家教育科技网。随后替代了 ARPANET 的骨干地位。1988 年，Internet 开始对外开放。1991 年 6 月，在连通 Internet 的计算机中，商业用户首次超过了学术界用户，这是 Internet 发展史上的一个里程碑，从此 Internet 的发展速度一发不可收拾。

（2）中国网络发展历程。

我国的 Internet 的发展以 1987 年通过中国学术网 CAnet 向世界发出第一封 E-mail 为标志。经过几十年的发展，形成了四大主流网络体系，即中科院的科学技术网 CStnet、国家教育部的教育和科研网 Cernet、原邮电部的 Chinanet 和原电子部的金桥网 Chinagbn。

Internet 在中国的发展历程可以大致划分为 3 个阶段。

第一阶段为 1987 年至 1993 年，也是研究试验阶段。在此期间中国一些科研部门和高等院校开始研究 Internet 技术，并开展了科研课题和科技合作工作，但这个阶段的网络应用仅限于小范围内的电子邮件服务。

第二阶段为 1994 年至 1996 年，同样是起步阶段。1994 年 4 月，中关村地区教育与科研示范网络工程进入 Internet，从此中国被国际上正式承认为有 Internet 的国家。之后，Chinanet、CERnet、CSTnet、Chinagbnet 等多个 Internet 项目在全国范围相继启动，Internet 开始进入公众生活，并在中国得到了迅速的发展。至 1996 年年底，中国 Internet 用户数已达 20 万，利用 Internet 开展的业务与应用逐步增多。

第三阶段从 1997 年至今，这是 Internet 在我国发展最为快速的阶段。国内 Internet 用户数 1997 年以后基本保持每半年翻一番的增长速度。据中国 Internet 信息中心（CNNIC）公布的统计报告显示，截至 2009 年 10 月 30 日，我国上网用户总人数为 5.3 亿。这一数字比年初增长了 890 万人，与 2002 年同期相比则增加了 2220 万人。

中国目前有 5 家具有独立国际出入口线路的商用性 Internet 骨干单位，还有面向教育、科技、经贸等领域的非营利性 Internet 骨干单位。现在有 600 多家网络接入服务提供商（ISP），其中跨省经营的有 140 家。

随着网络基础的改善、用户接入方面新技术的采用、接入方式的多样化和运营商服务能力的提高，接入网速率慢形成的瓶颈问题将会得到进一步改善，上网速度将会更快，从而促进更多的应用在网上实现。

2．域名

网络是基于 TCP/IP 进行通信和连接的，每一台主机都有一个唯一的标识固定的 IP 地址，以区别在网络上成千上万个用户和计算机。网络在区分所有与之相连的网络和主机时，均采用了一种唯一、通用的地址格式，即每一个与网络相连接的计算机和服务器都被指派一个独一无二的地址。为了保证网络上每台计算机的 IP 地址的唯一性，用户必须向特定机构申请注册，该机构根据用户单位的网络规模和近期发展计划，分配 IP 地址。网络中的地址方案分为两套：IP 地址系统和域名地址系统。这两套地址系统其实是一一对应的关系。IP 地址用二进制数来表示，每个 IP 地址长 32 比特，由 4 个小于 256 的数字组成，数字之间用点间隔。例如，100.10.0.1 表示一个 IP 地址。由于 IP 地址是数字标识，使用时难以记忆和书写，因此在 IP 地址的基础上又发展出一种符号化的地址方案，用来代替数字型的 IP 地址。每一个符号化的地址都与特定的 IP 地址对应，这样网络上的资源访问起来就容易得多了。这个与网络上的数字型 IP 地址相对应的字符型地址，就被称为域名。

（1）域名结构。

一个域名一般由英文字母和阿拉伯数字以及"-"组成，最长可达 67 个字符（包括后缀），并且字母的大小写没有区别，每个层次最长不能超过 22 个字符。这些符号构成了域名的前缀、主体和后缀等几个部分，这些部分组合在一起构成一个完整的域名。

以一个常见的域名为例说明。例如，域名 www.bjycxf.com 是由 2 部分组成的，"bjycxf"是这个域名的主体，最后的"com"是该域名的后缀，代表这是一个 com 国际域名。前面的 www.是域名 bjycxf.com 下名为 www 的主机名。

（2）域名工作原理。

当用户想浏览万维网上一个网页，或者其他网络资源时，通常需要先在浏览器中输入想要访问的网页的统一资源定位符（Uniform Resource Locator，URL），或通过超链接方式链接到相应的网页或网络资源。这之后的工作首先是 URL 的服务器名部分被名为域名系统的分布于全球的 Internet 数据库解析，并根据解析结果决定进入哪一个 IP 地址（IP address）。

接下来的步骤是为所要访问的网页，向在那个 IP 地址工作的服务器发送一个 HTTP 请求。在通常情况下，HTML 文本、图片和构成该网页的一切其他文件很快会被逐一请求并发送回用户。网络浏览器接下来的工作是把 HTML、CSS 和其他接收到的文件所描述的内容，加上图像、链接和其他必须的资源，显示给用户。这些就构成了用户所看到的"网页"。

3．WWW

万维网（也称为网络、WWW、W3、英文 Web 或 World Wide Web），是一个资料空间。在这个空间中，一样有用的事物，称为一样"资源"，并且由一个全域"统一资源标识符"（URL）标识。这些资源通过超文本传输协议（Hypertext Transfer Protocol，HTTP）传送给用户，而用户通过点击链接来获得资源。从另一个观点来看，万维网是一个透过网络存取的互连超文件（Interlinked Hypertext Document）系统。万维网常被当成因特网的同义词，实际上，万维网是依靠因特网运行的一项服务。

4．浏览器

万维网（Web）服务的客户端浏览程序。可向万维网服务器发送各种请求，并对从服务器发来的超文本信息和各种多媒体数据格式进行解释、显示和播放。

5．搜索引擎

搜索引擎（Search Engine）是指根据一定的策略、运用特定的计算机程序搜集互联网上的信息，再对信息进行组织和处理，并将处理后的信息显示给用户，是为用户提供检索服务的系统。

著名的搜索引擎的标志如图 5-36 所示。

图 5-36　著名搜索引擎

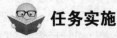 任务实施

1．IE 浏览器的使用

首先打开 IE，在地址栏中输入地址，按【Enter】键，打开一个网页，如图 5-37 所示。

（1）加入收藏。

如果在浏览网页的过程中遇到了喜欢的网站或网页，可以将网站或网页添加到收藏夹中。

步骤 01 单击浏览器工具栏上的"收藏夹"按钮，如图 5-38 所示。

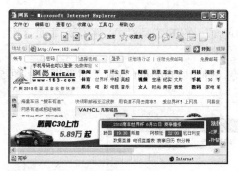

图 5-37 IE 窗口

图 5-38 "收藏夹"窗格

步骤 02 在打开的"收藏夹"窗格中，单击"添加"按钮。

步骤 03 在弹出的对话框中，单击"确定"按钮即可，如图 5-39 所示。

步骤 04 网页保存到收藏夹后，再次单击 IE 工具栏中的"收藏夹"按钮，如图 5-40 所示，单击网页名称就可以打开相应的网页。

图 5-39 "添加到收藏夹"对话框

图 5-40 已添加至收藏夹

（2）刷新页面。

如果在打开某个网页时出现了意外错误或页面不显示时，按【F5】键或单击工具栏中的"刷新"按钮，重新进入页面即可。

（3）保存网页。

在上网浏览网页时，如果看到精彩的文章或精美的网页但又不愿在线阅读时，可以把页面全部保存在指定路径下，以便在脱机状态下浏览网页。

步骤 01 选择"文件"→"另存为"命令，如图 5-41 所示。

步骤 02 弹出"保存网页"对话框，如图 5-42 所示，选择保存路径，"保存类型"默认为"网页，全部"，不必修改，单击"保存"按钮保存网页，如图 5-43 所示。保存后的网页格式为.html。网页保存完成后，在保存路径下找到它双击即可打开。

图 5-41 "文件"菜单

图 5-42 "保存网页"对话框

图 5-43 网页保存中

（4）设立主页。

主页就是打开 IE 浏览器时，浏览器自动显示的页面。在 IE 工具栏中，💿表示主页，用户可以修改主页。

步骤01 选择"工具"→"Internet 选项"命令，弹出"Internet 选项"对话框，如图 5-44 所示。

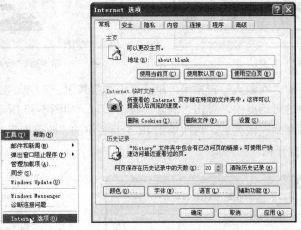

图 5-44 打开"Internet 选项"对话框

步骤02 在"主页"选项组中有 3 个按钮可以更改主页。

- 单击 使用当前页(C) 按钮可以使当前正在浏览的页面成为主页。
- 单击 使用默认页(D) 按钮使主页为浏览器生产商的页面。
- 单击 使用空白页(B) 按钮使主页为不含内容的空白页。

（5）查看历史记录。

如果忘记保存浏览过的网页，又没有记住网址，可以查看历史记录找到它。

步骤01 单击工具栏中的"历史"按钮💿。

步骤02 在"历史记录"窗格中可以查看到浏览过的网页，如图 5-45 所示。

步骤03 根据不同的查看方式，可以更方便地查找到所需要的浏览过的网页。

（6）清理上网记录。

如果在上网后，不想留下上网的记录，删除临时文件及历史记录即可。

步骤01 选择"工具"→"Internet 选项"命令，弹出"Internet 选项"对话框，"历史记录"选项组如图 5-46 所示。

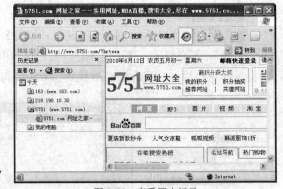

图 5-45 查看历史记录

步骤02 单击"删除 Cookies"、"删除文件"、"清除历史记录"按钮，单击"确定"按钮，完成上网记录的清除操作。

（7）阻止弹出窗口

浏览网页时，不断弹出的广告窗口会对浏览网页造成不便，IE 自带的阻止弹出窗口设置可以解决这个问题，如图 5-47 所示。

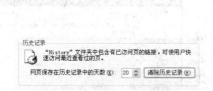

图 5-46　清除"历史记录"选项组　　　　　　　　　　图 5-47　阻止弹出窗口

2．搜索资源

步骤 01　双击 IE 浏览器图标，启动 IE 浏览器，在地址栏中输入 http：//www.baidu.com/，打开百度搜索引擎，如图 5-48 所示。

图 5-48　百度搜索引擎

步骤 02　选择要搜索资源的类型，如新闻、网页、贴吧、知道、MP3、图片、视频等。输入搜索内容，如图 5-49 所示。

图 5-49　输入搜索内容

步骤 03　单击链接，打开网页，查看搜索内容。

3．下载资源

（1）文本信息的保存。

① 直接复制粘贴。遇到需要的文本信息，可以直接将其选中、复制，再粘贴到文字编辑软件（如 Word）中。文本的复制、粘贴过程与 Word 中的操作相同，不再赘述。

② 如果页面不允许复制，可把当前的网页保存成文本文件。步骤类似于前面介绍的页面保存，不同之处在于保存类型为文本格式。改变保存类型的步骤如下：单击"保存网页"对话框中的"保存类型"下拉按钮，选择"文本文件"格式，单击"保存"按钮即可，如图 5-50 所示。

（2）图片的保存。

步骤01 把鼠标指针放在需要保存的图片上，图片上即会显示保存按钮 ，单击它即可保存图片。如

图 5-50　设置保存类型为"文本文件"类型

果没有出现保存按钮，可在图片上右击鼠标，在弹出的快捷菜单中选择"图片另存为"命令，如图 5-51 所示。

图 5-51　图片保存

步骤02 弹出"保存图片"对话框，如图 5-52 所示。选择保存路径，单击"保存"按钮，即可把喜欢的图片保存在本地计算机中。

图 5-52　"保存图片"对话框

（3）音频的下载。

步骤 01 以 MP3 音乐为例，首先找到音乐下载地址，单击歌曲名，出现音乐的链接地址，如图 5-53 所示。

图 5-53　音乐下载地址

步骤 02 在链接地址上单击鼠标右键，选择"目标另存为"命令，弹出"另存为"对话框，如图 5-54 所示。

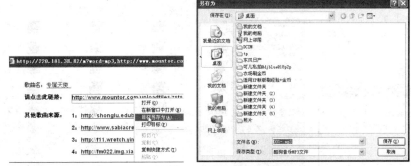

图 5-54　保存音乐

步骤 03 选择保存路径，单击"保存"按钮，音乐文件开始下载至完毕，如图 5-55 所示。

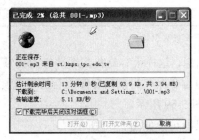

图 5-55　音乐下载

（4）视频的下载。

步骤 01 以土豆网视频播放为例，先把想要保存的视频缓冲完毕，如图 5-56 所示。

步骤 02 选择"工具"→"Internet 选项"命令，如图 5-57 所示，单击"Internet 临时文件"选项组中的"设置"按钮。

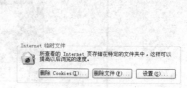

图 5-56 视频缓冲　　　　　　　　　　　　　图 5-57 "Internet 临时文件"选项组

步骤 03 在弹出的"设置"对话框中，单击"查看文件"按钮，打开临时文件夹窗口，如图 5-58 所示。

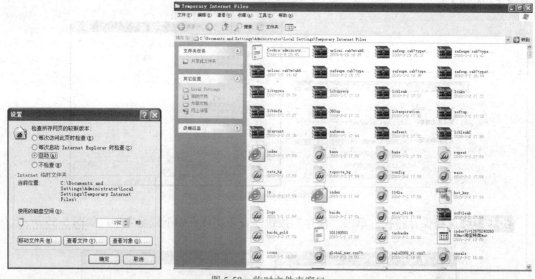

图 5-58 临时文件夹窗口

步骤 04 在空白处右键单击，按大小排列图标，这样很容易找到缓冲好的视频（因为视频较大，按大小排序后，容易找到）。最下面的文件即为要保存的视频文件（土豆网视频扩展名为.flv，可以根据扩展名判别是否是要保存的文件），如图 5-59 所示。

步骤 05 复制视频文件，粘贴至本地计算机即可，如图 5-60 所示。

图 5-59　按大小排列图标后找到视频文件　　　　图 5-60　复制视频

任务总结

本任务主要讲解了在 IE 7 的环境下使用 IE 浏览器进行网上信息浏览，并使用百度搜索需要的资源，以及讲解了网络上各类资源（图片、音频和视频）的下载方式。

任务三　使用网络信息传播平台

任务描述

随着网络在人们生活中的普及，以互联网为代表的新兴信息传播平台异军突起，使人们接受和发布信息的方式发生了翻天覆地的变化。而网络信息传播以其独有的优势成为人们获得信息的主要方式。网络传播具有人际传播的交互性，受众性可以直接迅速发表意见，反馈信息。同时人们在接受信息时又有很大程度的选择自由，可以方便人们主动选择自己感兴趣的内容。现今在我们生活中常用的网络信息传播平台有博客和微博等。

任务展示

博客又叫网络日志（Weblog），是互联网上一种个人书写和人际交流的工具。用户可以通过博客记录下工作、学习、生活和娱乐的点滴，甚至观点和评论，从而在网上建立一个完全属于自己的个人天地。

本任务通过建立博客，有助于他人在互联网上更好地进行信息的传播，也有助于用户更好地与别人交流。博客是一个开放和共享的世界。本博客进行展示，如图 5-61 所示。

完成思路

博客是常用的网络信息传播平台的一种。用户使用博客进行信息的发布和接收，必须先了解现今常用的博客网站有哪些。选择其中一个博客网站并注册成为用户后，便可以在自己的博客日志上发布日志，并通过博客上的好友动态了解自己所关心的好友最新的日志动态。

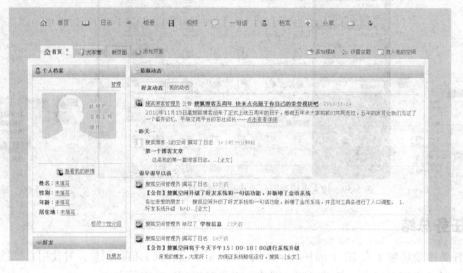

图 5-61　搜狐博客

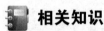 **相关知识**

1．博客

博客，又译为网络日志、部落格或部落阁等，是一种通常由个人管理、不定期张贴新的文章的网站。博客上的文章通常根据张贴时间，以倒序方式由新到旧排列。许多博客专注在特定的课题上提供评论或新闻，其他则被作为比较个人的日记。一个典型的博客结合了文字、图像、其他博客或网站的链接及其他与主题相关的媒体。能够让读者以互动的方式留下意见，是许多博客的重要要素。大部分的博客内容以文字为主，仍有一些博客专注在艺术、摄影、视频、音乐、播客等各种主题。

现今网络上常用的博客网站有新浪博客、搜狐博客和博客网等。

2．微博

微博即微博客（MicroBlog）的简称，是一个基于用户关系的信息分享、传播以及获取平台，用户可以通过 Web、WAP 以及各种客户端组件个人社区，以 140 字左右的文字更新信息，并实现即时分享。最早也是最著名的微博是美国的 twitter。2009 年 8 月，中国最大的门户网站新浪网推出"新浪微博"内测版，成为门户网站中第一家提供微博服务的网站，微博正式进入中文上网主流人群视野。

现今网络上常用的微博网站有微博新浪、搜狐微博和腾讯微博等。

 任务实施

1．注册搜狐博客并发布信息

（1）注册搜狐博客。

步骤 01 在浏览器地址栏中输入搜狐博客网址：http：//blog.sohu.com/，如图 5-62 所示。

图 5-62 输入搜狐博客网址

步骤02 单击注册服务，如图 5-63 所示，在打开的搜狐微博中选择注册新用户。如果用户已经拥有搜狐邮箱（包含 @sohu.com、@sogou.com、@vip.sohu.com、@sms.sohu.com、@sol.sohu.com、@chinaren.com 等），可以在注册页面使用相应的邮箱名和密码登录，然后使用"开通博客"服务，填写简单的信息就可以完成博客申请和注册，如图 5-64 所示。

图 5-63 输入搜狐博客网址

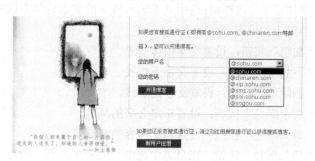

图 5-64 登录搜狐博客

步骤03 如果没有搜狐邮箱，则单击"新用户注册"按钮，填写相应信息，完成搜狐博客的申请和注册，如图 5-65 所示。

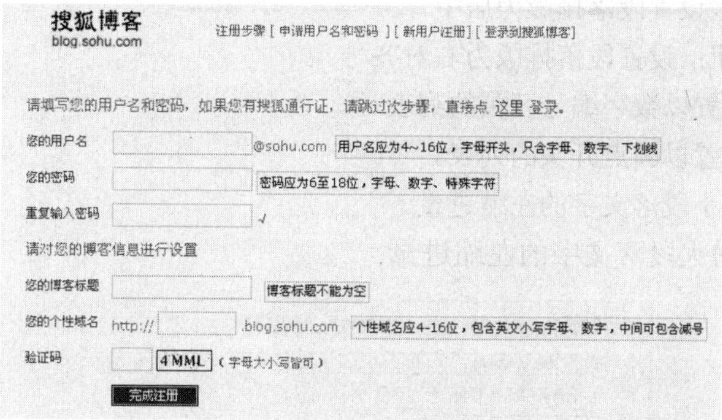

图 5-65 用户注册界面

（2）使用博客发布日志。

步骤01 在登录之后，单击博客页面上方的"撰写新日志"或者单击"管理我的博客"进入用户管理中心，左侧的侧栏导航中单击"撰写新日志"按钮，然后单击图中标记的"撰写新日志"的链接即可进入日志编辑页面，出现日志编辑器，如图 5-66 所示。

步骤02 在日志编辑器中编辑新的日志。在日志编辑器中添加相关的项目，最后单击"发布日志"按钮，进行日志发表，如图 5-67 所示。

日志编辑页面中各部分功能介绍如下。

图 5-66 登录日志编辑器

- 日志标题：输入当前撰写日志的标题。
- 标签：填写几个关键字作为日志的标签（最多 5 个），方便日志被搜索到。如果不填写，系统将在发布日志时，根据日志内容自动生成标签。
- 日志分类：给当前文章选择分类，或者单击"新增分类"新建文章分类。
- "粘贴"按钮：将粘贴板中复制的内容粘贴到文本输入框中，完成内容的复制。
- "剪切"按钮：将选中内容剪切到系统剪贴板中，完成文本的剪切。
- "复制"按钮：将选中内容复制到系统剪贴板中，完成文本的复制。
- 字体及字号选择框：选中文本输入框中的文本后单击这两项的向下三角按钮进行字体及字号大小的设置。
- "加粗"按钮：设置文字粗体效果。
- "下划线"按钮：设置文字下划线。
- "删除线"按钮：设置文字删除线。
- "文字颜色"按钮：设置指定文字的颜色。
- "背景颜色"按钮：设置指定内容的背景颜色。
- "插入链接"按钮：在日志中选中一段文字或某一图片，然后单击该按钮将所选内容设置为超文本链接。目标窗口默认链接效果是弹出一个新的窗口。还可以选择其他链接效果。如果在日志中直接输入"http：//网址"，系统会自动转化为超文本链接。
- "左对齐"按钮：设置段落排版为左对齐。
- "居中"按钮：设置段落排版为居中
- "右对齐"按钮：设置段落排版为右对齐
- 数字列表：设置以数字编号开头的列表。
- 符号列表：设置以圆点开头的列表。
- 减小缩进：减小段落文字的左缩进量。
- 增大缩进：增大段落文字的左缩进量。

图 5-67　日志编辑器

2. 在博客中添加图像信息并发布。

步骤01 在日志编辑器中发表图片信息。单击传图助手按钮进行批量上传图片，第一次使用时系统会提示安装 ActiveX 控件，单击"安装"按钮即可，如图 5-68 所示。

步骤02 安装完成后，单击此按钮即可弹出传图助手窗口，此窗口显示批量传图、本地照片、网络图片及相册图片、相册专辑 5 项不同功能，如图 5-69 所示。

图 5-68 安装图片上传插件

图 5-69 传图助手窗口

步骤03 批量传图。在左侧列表中选择本机目录，中间列表显示当前所选目录内的图片，右侧列表显示当前已选图片，选择完成后，单击"开始上传"按钮即可批量上传图片。上传完成后，图片自动按顺序居中显示在文本框内。

步骤04 插入本地图片。单击"本地图片"按钮，弹出插入图片窗口单击"浏览"按钮，选择计算机中要上传的图片，可以选择是否将上传的图片保存到相册中，然后设置图片在日志中的位置，单击"确定"按钮即可。如图 5-70 所示。

步骤05 网络图片。如果图片是在互联网的其他网页上，请选择"网络图片"选项卡并输入图片的网址，一次最多插入 5 张网络图片，可以多次插入。设定图片在日志中的位置后单击"确定"按钮，图片就能出现在日志中了，如图 5-71 所示。

图 5-70 上传本地图片窗口

图 5-71 上传网络图片窗口

步骤 06 相册图片。如果想把相册中的图片直接插入日志中，可以选择"相册图片"选项卡，左侧列表显示了相册中的不同专辑，单击某一专辑中的缩略图，在中间的位置显示该专辑下的所有图片，如果图片较多，可以通过单击下面的上下页按钮翻页，然后单击图片缩略图选择图片，被选择的图片显示在右侧列表内，在右侧列表中单击图片缩略图可以取消该图片的选择，如图 5-72 所示。

步骤 07 相册专辑。在新版的日志编辑器传图助手中可以更方便地将相册（图片公园）中的整个专辑以图标模式、缩略图模式插入日志当中，更好地打造自己的图片博客。日志中插入相关专辑的图标或者缩略图后，单击单个图标或缩略图会打开相册中的相应图像。用户可以选择在日志中显示多少张图片的图标或者缩略图，如图 5-73 所示。

图 5-72　相册图片窗口

图 5-73　相册专辑窗口

3．在博客中添加视频信息并发布

单击日志编辑器中的 ⏵ 按钮，如同插入图片一样，弹出一个新窗口，在网上将搜索到的音频文件（mid、mp3、wma 等各式）和视频文件（avi、wmv、asf）的网络地址（一般可以通过在网页中播放器上单击鼠标右键查看属性获得）复制到弹出窗口的"网址"文本框内，可以展开"高级选项"选择是否打开网页即自动播放或者手动播放，对于播放器的宽高也可以设置，同时像图片一样选择播放器的对齐方式，如图 5-74 所示。

图 5-74　添加音乐或视频窗口

任务总结

在浏览器中输入搜狐博客网址并注册成为搜狐新用户。打开博客网站，发表新的博客日志，在日志中添加文字、图像和视频信息并进行发表。

任务四　维护计算机网络安全

 任务描述

当今世界信息技术迅猛发展，人类社会正进入一个信息社会，社会经济的发展对信息资源、信息技术和信息产业的依赖程度越来越大。在信息社会中，信息已成为人类宝贵的资源。近年来 Internet 正以惊人的速度在全球发展，Internet 技术已经广泛渗透到各个领域。然而，由 Internet 的发展而带来的网络系统的安全问题，正变得日益突出。网络能提供丰富的资源，但使用网络也存在一定风险。要想确保上网安全，常用的做法是安装杀毒软件。本任务就讲解如何通过杀毒软件的安装和使用来维护计算机网络安全。

 任务展示

瑞星杀毒软件是常用的计算机杀毒工具，也是维护计算机网络安全常用的工具软件。本任务主要是通过瑞星杀毒软件的安装、基本操作步骤及软件基本设置的讲解，熟练掌握维护计算机网络安全常用软件的基本操作，并能进行计算机病毒的查杀。瑞星杀毒软件的主界面如图 5-75 所示。

图 5-75　瑞星杀毒软件

 完成思路

在使用计算机上网的过程中，经常会遭遇到病毒和木马的攻击，如何打造一个安全的计算机，是用户经常用遇到的问题。而解决这样问题常用的方法是安装杀毒软件。

 相关知识

1．网络安全的威胁

对网络安全的主要威胁如下。

（1）被他人盗取密码。

（2）系统被木马攻击。

（3）浏览网页时被恶意的 Java Script 程序攻击。

（4）QQ 被攻击或泄露信息。

（5）病毒感染。

（6）由于系统存在漏洞而受到他人攻击。

（7）黑客的恶意攻击。

2．计算机病毒

（1）计算机病毒的定义。

计算机病毒（Computer Virus）在《中华人民共和国计算机信息系统安全保护条例》中被明确定义，病毒是指"编制者在计算机程序中插入的破坏计算机功能或者破坏数据，影响计算机使用并且能够自我复制的一组计算机指令或者程序代码"。而在一般教科书及通用资料中被定义为：利用计算机软件与硬件的缺陷，由被感染机内部发出的破坏计算机数据并影响计算机正常工作的一组指令集或程序代码。

（2）计算机病毒的特征。

计算机病毒具有以下几个特点。

① 寄生性。

计算机病毒寄生在其他程序之中，当执行这个程序时，病毒就起破坏作用，而在未启动这个程序之前，它是不易被人发觉的。

② 传染性。

计算机病毒不但本身具有破坏性，更有害的是具有传染性，一旦病毒被复制或产生变种，其速度之快令人难以预防。传染性是病毒的基本特征。

③ 潜伏性。

潜伏性的第二种表现是指，计算机病毒的内部往往有一种触发机制，不满足触发条件时，计算机病毒除了传染外不做什么破坏。触发条件一旦得到满足，有的在屏幕上显示信息、图形或特殊标识，有的则执行破坏系统的操作，如格式化磁盘、删除磁盘文件、对数据文件进行加密、封锁键盘以及使系统死锁等。

④ 隐蔽性。

计算机病毒具有很强的隐蔽性，有的可以通过病毒软件检查出来，有的根本就查不出来，有的时隐时现、变化无常，这类病毒处理起来通常很困难。

⑤ 破坏性。

计算机中毒后，可能会导致正常的程序无法运行，把计算机内的文件删除或受到不同程度的损坏。通常表现为增加、删除、修改、移动文件。

⑥ 可触发性。

病毒因某个事件或数值的出现，诱使病毒实施感染或进行攻击的特性称为可触发性。病毒的触发机制就是用来控制感染和破坏动作的频率的。病毒具有预定的触发条件，这些条件可能是时间、日期、文件类型或某些特定数据等。病毒运行时，触发机制检查预定条件是否满足，如果满足，则启动感染或破坏动作，使病毒进行感染或攻击；如果不满足，则使病毒继续潜伏。

（3）计算机中病毒的常见症状。

① 计算机系统运行速度减慢。

② 计算机系统经常无故发生死机。

③ 计算机系统中的文件长度发生变化。

④ 计算机存储的容量异常减少。

⑤ 系统引导速度减慢。

⑥ 丢失文件或文件损坏。

⑦ 计算机屏幕上出现异常显示。

⑧ 计算机系统的蜂鸣器出现异常声响。

⑨ 一些外部设备工作异常。

3. 黑客

黑客最早源自英文 hacker，是利用系统安全漏洞对网络进行攻击破坏或窃取资料的人。

 任务实施

1. 安装瑞星杀毒软件

步骤 01 安装前请关闭所有其他正在运行的应用程序。

步骤 02 当把瑞星杀毒软件安装程序下载到计算机后，双击运行安装程序，就可以进行瑞星杀毒软件的安装，如图 5-76 所示。

步骤 03 在显示的语言选择框中，可以选择"中文简体"、"中文繁體"、"English"和"日本語"4 种语言中的一种进行安装，单击"确定"按钮开始安装，如图 5-77 所示。

图 5-76 瑞星杀毒软件自动安装程序

步骤 04 如果用户安装了其他的安全软件，再安装瑞星杀毒软件会显示提示界面，建议用户卸载其他的安全软件，但用户仍可强制安装瑞星杀毒软件，单击"下一步"按钮继续安装，如图 5-78 所示。

图 5-77 "瑞星软件语言设置程序"窗口

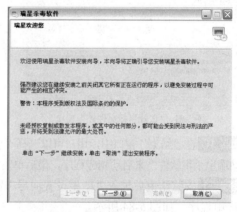

图 5-78 瑞星软件欢迎窗口

步骤 05 进入安装欢迎界面，单击"下一步"按钮继续安装，如图 5-79 所示。

步骤 06 阅读"最终用户许可协议"，选择"我接受"单选按钮，单击"下一步"按钮继续安装，如果用户选择"我不接受"单选按钮，则退出安装程序，如图 5-80 所示。

步骤 07 在"定制安装"窗口中，选择需要安装的组件。用户可以在下拉菜单中选择全部安装或最小安装（全部安装表示将安装瑞星杀毒软件的全部组件和工具程序，最小安装表示仅选择安装瑞星杀毒软件必需的组件，不包含各种工具等）；也可以在列表中勾选需要安装的组件。单击"下一步"按钮继续安装，也可以直接单击"完成"按钮，按照默认方式进行安装。

图 5-79　"最终用户许可协议"窗口

图 5-80　"定制安装"窗口

步骤 08 在"选择目标文件夹"窗口中，用户可以指定瑞星杀毒软件的安装目录，单击"下一步"按钮继续安装。如图 5-81 所示。

步骤 09 在"安装信息"窗口中，显示了安装路径和组件列表，确认后单击"下一步"按钮开始复制安装瑞星杀毒软件，如图 5-82 所示。

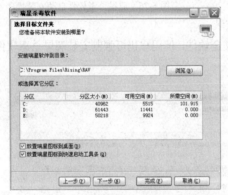

图 5-81　"选择目标文件夹"窗口

图 5-82　"安装信息"窗口

步骤 10 在"结束"窗口中，用户可以选择"启动瑞星杀毒软件注册向导"、"启动瑞星设置向导"和"启动瑞星杀毒软件"来启动相应程序，最后单击"完成"按钮结束安装，如图 5-83 所示。

步骤 11 安装结束后进入"瑞星设置向导"窗口，在这里设置应用程序防护的范围。选择要防御的应用程序，如图 5-84 所示。

图 5-83　轴件安装

图 5-84　"结束"窗口

步骤 12 在"瑞星设置向导"窗口中选择要防御的应用程序后单击"下一步"按钮，进入"常规设置"和"工作模式"设置，如图 5-85 所示。

步骤 13 在设置窗口中单击"完成"按钮，进入软件初始化设置窗口。在杀毒方式上可以选择"快速杀毒"、"全盘杀毒"和"自定义杀毒"，如图 5-86 所示。

图 5-85 "应用程序防护"窗口

图 5-86 常规设置和工作模式设置

步骤 14 此界面显示了瑞星监控的内容及其状态，包括文件监控、邮件监控和网页监控。用户可以通过单击"开启"或"关闭"按钮控制监控状态，如图 5-87 所示。

步骤 15 "瑞星工具"界面显示了瑞星常用的瑞星工具。可以通过双击常用工具图标进行安装，如图 5-88 所示。

图 5-87 杀毒方式设置窗口

图 5-88 监控及状态窗口

2．瑞星杀毒软件更新

（1）对软件随时进行升级。用鼠标右键单击任务栏中的瑞星图标，选择"软件升级"命令，如图 5-89 所示。

（2）定期对软件进行升级。

步骤 01 双击桌面上的"瑞星杀毒软件"图标，在"瑞星杀毒软件"中单击"设置"选项，进入"瑞星杀毒软件设置"窗口，如图 5-90 所示。

步骤 02 在"瑞星杀毒软件设置"窗口中选择"升级设置"选项，设置"升级频率"。软件的升级频率有 5 种：每天、每周、每月、即时升级、手动升级，如图 5-91 所示。

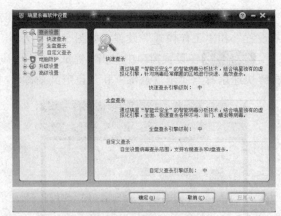

图 5-89　智能升级界面　　　　　　　　　　　　图 5-90　瑞星杀毒软件设置窗口

步骤03 在"升级频率"下拉列表中选择"每天",在"升级时刻"下拉列表中选择每天升级时间。选择好后单击"确定"按钮,完成自动更新的设置,如图 5-92 所示。

图 5-91　设置升级频率　　　　　　　　　　　　图 5-92　设置升级频率和升级时刻

 任务总结

本任务主要是通过瑞星杀毒软件的安装、基本操作步骤及软件基本设置的讲解,熟练掌握维护计算机网络安全常用软件的基本操作,并能进行计算机病毒的查杀。

输出办公文档

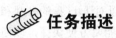

任务一　文档移动存储

任务描述

在现代的办公活动中，经常出现需要数据移动和交换的情况。U 盘作为一种移动存储设备已逐渐取代软盘的作用。对于品牌和种类繁多的 U 盘来说，如何选购、怎样使用以及出现问题时如何维护都是在利用 U 盘进行文档移动存储时需要注意的问题。

任务展示

U 盘是一种半导体存储器件，具有体积小（几立方厘米）、容量大（几 GB 到几十 GB）、数据交换速度快、可以热插拔等优点。3 款 U 盘如图 6-1 所示。

（a）普通的 U 盘　　　　　（b）带 MP3 功能的 U 盘　　　　（c）带 MP4 功能的 U 盘

图 6-1　3 款 U 盘

 ### 完成思路

1．U 盘简介

U 盘又称优盘，中文全称"USB（通用串行总线）接口的闪存盘"，英文名为"USB Flash Disk"，是一种小型的硬盘。它将数据存储在内建的闪存（Flash Memory 或 Flash ROM）中，并利用 USB 接口与计算机进行数据交换。

2．文档移动存储

文档移动存储的步骤如下。

（1）插入 U 盘。

（2）将移动文档复制到或发送到 U 盘。

（3）移除 U 盘。

 相关知识

1．U 盘的选购

现代消费者的总体消费心理，除了要求产品物美价廉外，还需要产品舒适便捷、个性化与众不同，这种消费观点放在 U 盘消费市场也是成立的。U 盘的使用者中很多为大中学生、中青年职业者，这类人群基本都把个性化和人性化的 IT 产品作为购买的参考标准，有以下四大参考。

（1）商务简约型。这一类的用户基本都是经常使用存储工具的人群，所以对于 U 盘的外观和功能要求较高。建议外观可选择直观简约型，与职业工作者的气质相符；功能要方便快捷，以便能去省不必要的时间，提高工作效率。商务简约型 U 盘如图 6-2 所示。

（2）保密防盗型。这一类的用户比较特殊，一般都是为了防止自己的贵重资料或者私密档案被人窃取或者不小心丢失 U 盘而造成泄露，建议可选择一些加密方法容易，保密功能强大的 U 盘产品。保密防盗型 U 盘如图 6-3 所示。

图 6-2　商务简约型 U 盘

图 6-3　保密防盗型 U 盘

（3）个性奇趣型。这类用户个性独特，追求与众不同、新奇好玩。可选世冠的手带 U 盘，将装饰和存储集二为一。

卡通 U 盘，各类造型独特的卡通形象，趣稚可爱，让人爱不释手。体育 U 盘，体育爱好者的精品世界，存储和收藏具佳。公仔 U 盘，外观可爱趣稚，集玩具、礼品、U 盘功能于一身，送礼好选择。CFD 系列圣诞 U 盘，圣诞节的最佳 IT 礼品之一，创意独特，造型精美。食品 U 盘，足够以假乱真的个性 U 盘，美味佳肴、水果蔬菜尽在其中。个性其奇趣型 U 盘如图 6-4 所示。

（4）独特功能型。这类用户对于 U 盘功能的需求，已经超出了单纯的存储范围，需要 U 盘在存储之外，还要具备其他的功能，如 MP3、MP4 播放功能等。独特功能型 U 盘如图 6-5 所示。

图 6-4　个性奇趣型 U 盘

图 6-5　独特功能型 U 盘

2．U 盘使用注意事项

（1）热插拔≠随意插拔。

众所周知，U 盘是一种支持热插拔的设备。但要注意以下方面：U 盘正在读取或保存数据时（此时 U 盘的指示灯在不停闪烁），一定不要拔出 U 盘，要是此时拔出的话，很容易损坏 U 盘或是其中的数据；再者，平时不要频繁进行插拔，否则容易造成 USB 接口松动；三则，在插入 U 盘过程中一定不要用蛮力，插不进去的时候，不要硬插，可调整一下角度和方位。

（2）U 盘不用，记得"下岗"。

很多用户经常在将 U 盘插入 USB 接口后，为了随时拷贝的方便而不将它拔下。这样做法会对个人数据带来极大的安全隐患。其一，如果使用的是 Windows 2000 或是 Windows XP 操作系统，并且打开了休眠记忆功能，那么系统从休眠待机状态返回正常状态下，很容易对 U 盘中的数据造成修改，一旦发生，重要数据的丢失将使你欲哭无泪。其二，现在网上的资源太丰富了，除了有用的资源，还有很多木马病毒到处"骚扰"，说不定哪天就"溜"进 U 盘中，对其中的数据造成不可恢复的破坏。所以，为了确保 U 盘数据不遭受损失，最好在拷贝数据后将它拔下来，或者关闭它的写开关。

（3）整理碎片，弊大于利。

在频繁地进行硬盘操作、删除和保存大量文件之后，或系统用了很长时间之后，应该及时对硬盘进行碎片整理。由此及彼，不少用户在使用 U 盘之后，想用磁盘碎片整理工具来整理 U 盘中的碎片。想法是好的，但这样做适得其反。因为 U 盘保存数据信息的方式与硬盘原理是不一样的，它产生的文件碎片不适宜经常整理，如果"强行"整理的话，反而会影响它的使用寿命。如果觉得自己的 U 盘中文件增减过于频繁，或是使用时日已久，可以考虑将有用文件先临时拷贝到硬盘中，然后将 U 盘进行完全格式化，以达到清理碎片的目的。当然，也不能频繁地通过格式化的方法来清理 U 盘，这样也会影响 U 盘的使用寿命。

（4）存删文件，一次进行。

当在对 U 盘进行操作时，不管是存入文件还是删除文件，U 盘都会对闪存中的数据刷新一次。也就是说，在 U 盘中每增加一个文件或减少一个文件，都会导致 U 盘自动重新刷新一次。在拷入多个文件时，文件拷入的顺序是一个一个的进行，此时 U 盘会不断地被刷新，这样直接导致 U 盘物理介质的损耗。所以利用 U 盘保存文件时，最好用 WinRAR 等压缩工具将多个文件进行压缩，打包成一个文件之后再保存到 U 盘中；同样道理，当要删除 U 盘中的信息时（除非是格式化），最好也能够一次性地进行，以使 U 盘刷新次数最少，而不是重复地进行刷新。只有减少 U 盘的损耗，才能有效地提高 U 盘的实际使用寿命。

（5）U 盘一般有写保护开关，但应该在 U 盘插入计算机接口之前切换，不要在 U 盘工作状态下进行切换。

（6）U 盘里可能会有 U 盘病毒，插入计算机时最好先进行 U 盘杀毒。

（7）新 U 盘买来最好做个 U 盘病毒免疫，可以很好地避免 U 盘中毒。

（8）U 盘在计算机还未启动起来（进入桌面以前）不要插在计算机上，否则可能导致计算机无法正常启动。

3．U 盘存储原理

计算机把二进制数字信号转为复合二进制数字信号（加入分配、核对、堆栈等指令）读写到 USB 芯片适配接口，通过芯片处理信号分配给 EEPROM 存储芯片的相应地址存储二进制数据，实现数据的存储。EEPROM 数据存储器的控制原理是电压控制栅晶体管的电压高低值，栅晶体管的结电容可长时间保存电压值，断电后能保存数据的原因主要就是在原有的晶体管上加入了浮动栅和选择栅。在源极和漏极之间电流单向传导的半导体上形成贮存电子的浮动栅。浮动栅包裹着一层硅氧化膜绝缘体。它的上面是在源极和漏极之间控制传导电流的选择/控制栅。数据是 0 或 1 取决于在硅底板上形成的浮动栅中是否有电子。有电子为 0，无电子为 1。闪存就如同其名字一样，写入前删除数据进行初始化。具体说就是从所有浮动栅中导出电子，即将所有数据归 1。写入时只有数据为 0 时才进行写入，数据为 1 时则什么也不做。写入 0 时，向栅电极和漏极施加高电压，增加在源极和漏极之间传导的电子能量。这样一来，电子就会突破氧化膜绝缘体，进入浮动栅。读取数据时，向栅电极施加一定的电压，电流大为 1，电流小则定为 0。浮动栅在没有电子的状态（数据为 1）下，在栅电极施加电压的状态时向漏极施加电压，源极和漏极之间由于大量电子的移动，就会产生电流。而在浮动栅有电子的状态（数据为 0）下，沟道中传导的电子就会减少。因为施加在栅电极的电压被浮动栅电子吸收后，很难对沟道产生影响。

 ## 任务实施

文档移动存储过程

如果操作系统是 Windows 2000/XP/Server 2003/2008/Vista/7/LINUX 或是苹果系统的话，可将 U 盘直接插到机箱前面板或后面板的 USB 接口上，系统就会自动识别。如果系统是 Windows 98 的话，需要安装 U 盘驱动程序才能使用。驱动程序可以在附带的光盘中或者生产商的网站上找到。

步骤01 在一台计算机上第一次使用 U 盘（当把 U 盘插到 USB 接口时）系统会发出一声提示音，然后报告"发现新硬件"。稍候，会提示："新硬件已经安装并可以使用了"（有时还可能需要重新启动）。这时打开"我的电脑"，可以看到多出来一个硬盘图标，名称一般是 U 盘的品牌名，如图 6-6 所示。例如，金士顿，名称就为 KINGSTON。

步骤02 经过步骤 01 后，以后再使用 U 盘的话，直接插上去，然后就可以打开"我的电脑"找到可移动磁盘，此时注意，在任务栏会有一个小图标，样子是一个灰色东西旁有一个绿色箭头，表示安全删除 USB 硬件设备，如图 6-7 所示。

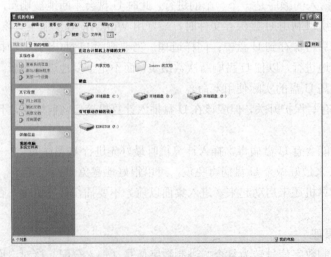

图 6-6　在"我的电脑"中出现 U 盘图标

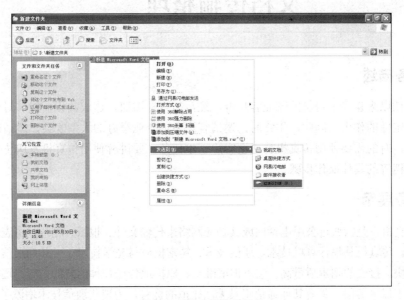

图 6-7 任务栏最右边出现 U 盘符号

步骤 03 U 盘是 USB 设备之一，经过步骤 02 之后，用户可以像平时操作文件一样，在 U 盘上保存、删除文件，或将文件通过右键直接发送到 U 盘中，如图 6-8 所示。

图 6-8 将文件发送到 U 盘

需要注意的是，U 盘使用完毕后要关闭所有关于 U 盘的窗口，拔下 U 盘前，要双击右下角的安全删除 USB 硬件设备图标，在弹出的快捷菜单中选择"停止"命令，在弹出的对话框中单击"确定"按钮，如图 6-9 所示。当右下角出现"USB 设备现在可安全地从系统移除了"的提示后，才能将 U 盘从机箱上拔下。

也可单击绿色箭头图标，再单击"安全移除 USB 设备"字样，如图 6-10 所示。待出现提示后即可将 U 盘从机箱上拔下。

图 6-9 移除 U 盘

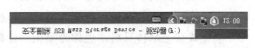

图 6-10 移除 U 盘

任务总结

本任务主要介绍了常用的文档移动存储设备——U 盘，并对 U 盘的使用进行了详细介绍。

任务二 文档传输整理

 任务描述

企业长期以来建立了自己的营业客户群，经常与客户沟通，达成共识，能够对企业的长久的发展起到决定性的作用。因此，年终时，邀请客户参加企业举办的大型晚会，邀请函需要通过各类方式发送，有的需要使用传真机传送至客户。本任务主要讲解使用传真机发送传真，并接收传真，保存文档等的具体操作步骤。

任务展示

所谓传真机，是指通过公用电话网或其相应网络来传输文件、报纸、相片、图表及数据等信息的通信设备。传真机是集计算机技术、通信技术、精密机械与光学技术于一体的通信设备，其信息传送的速度快、接收的副本质量高，它不但能准确、原样地传送各种信息的内容，还能传送信息的笔迹，适用于保密通信，具有其他通信工具无法比拟的优势，为现代通信技术增添了新的生命力，并在办公自动化领域占有极重要的地位，发展前景广阔。传真机的工作过程如图 6-11 所示。

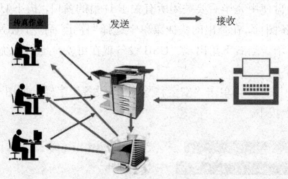

图 6-11　传真机工作过程

 完成思路

1. 传真机的分类

市场上常见的传真机可以分为四大类。

（1）热敏纸传真机，也称为卷筒纸传真机。

（2）激光式普通纸传真机，也称为激光一体机。

（3）喷墨式普通纸传真机，也称为喷墨一体机。

（4）热转印式普通纸传真机。

2．传真机的工作原理

先扫描即将需要发送的文件并将其转化为一系列黑白点信息，该信息再转化为声频信号并通过传统电话线进行传送。接收方的传真机"听到"信号后，会将相应的点信息打印出来，这样，接收方就会收到一份原发送文件的复印件。但各种传真机在接收到信号后的打印方式是不同的，它们工作原理的区别也基本体现在这些方面。

（1）热敏纸传真机：热敏纸传真机是通过热敏打印头将打印介质上的热敏材料熔化变色，生成所需的文字和图形。热转印从热敏技术发展而来，它通过加热转印色带，使涂敷于色带上的墨转印到纸上形成图像。热敏打印方式是最常用的打印方式。

（2）激光式普通纸传真机：激光式普通纸传真机是利用碳粉附着在纸上而成像的一种传真机，其工作原理主要是利用机体内控制激光束的一个硒鼓，凭借控制激光束的开启和关闭，从而在硒鼓产生带电荷的图像区，此时传真机内部的碳粉会受到电荷的吸引而附着在纸上，形成文字或图像。

（3）喷墨式普通纸传真机：喷墨式传真机的工作原理与点矩阵式列印相似，是由步进马达带动喷墨头左右移动，把从喷墨头中喷出的墨水依序喷布在普通纸上完成列印的工作。

3．任务流程简述

本任务分为传真机的安装、发送传真、接收传真 3 个部分，如图 6-12 所示。

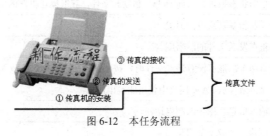

图 6-12　本任务流程

 相关知识

1．传真机的安装

作为传真机的使用者，应该能够自己安装传真机。首先，打开传真机的包装箱，核对一下传真机的附件是否齐全，如传真机的电源线、说明书等，除此之外还应详细阅读说明书，对传真机的安装有初步的了解。图 6-13 所示为传真机的外观组成结构。

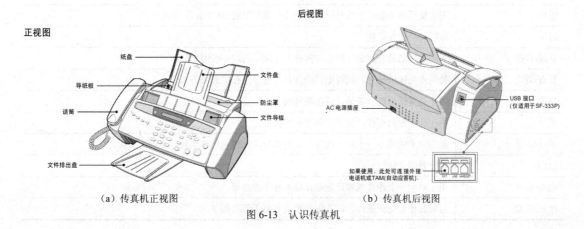

（a）传真机正视图　　　　　　　　　　（b）传真机后视图

图 6-13　认识传真机

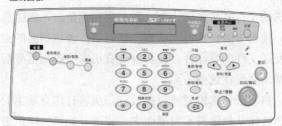

（c）传真机控制面板

图 6-13 认识传真机（续）

传真机控制面板按键详细介绍，如表 6-1 所示。

表 6-1　　　　　　　　　　　　传真机控制面板按键说明

按键名称	功　能
省墨	用于减少墨水消耗，在 ON（开）OFF（关）之间切换
静音模式	用于关闭机器发出的所有声音
报告/帮助	用于打印状态报告或访问 Help（帮助）文件，获取操作机器的信息
墨盒	用于安装新墨盒或更换旧墨盒
分辨率	提高正在发送文件的清晰度
接收模式/对比度	该键有两个功能：没有装入文件时，按此键改变接收模式；装入文件时，按此键改变对比度
主人留言	用于录制或播放 TAM 模式中使用的输出信息
播放/录音	回放输入信息，用于录制电话谈话
删除	用于删除一个或全部信息
应答	切换 TAM（自动应答机）模式开/关，机器处于 TAM（自动应答机）模式时，灯亮，接收到新的信息时，灯闪烁
|<<	用于重复播放当前的信息，或跳回到前一条信息
>>|	用于向前跳到下一条信息
数字键	就像平时打电话那样，手动拨打号码，或在设置机器时输入字母
特殊符号	用于在编辑模式下输入名称时输入特殊字符
速拨	用于使用两位数的位置号码存储或拨打最常用的 50 个电话/传真号码
闪挂	执行切换指令操作
重拨/暂停	用于重拨最后呼叫的号码，在内存中存储号码时，可用来插入暂停
静音/查询	使用麦克风谈话时，减弱电话的音量，搜寻内存中的号码
免提	用于免提话筒进行谈话，或拨打号码
菜单	用于选择专门功能，如系统设置和维护等
滚动/音量	显示原来的或下一个菜单选项，调整音量，或将光标移动到需要编程的位置
复印	用于复印文件
启动/确认	用于启动一个作业或激活显示在显示屏上的选择
停止/清除	可随时停止任何操作，或在编辑模式下用于删除数字

任务实施

1. 发送传送

发送传真的操作十分简单，分为装入文件、设置分辨率、对比度和拨号几个步骤。

（1）装入文件。

步骤 01 把文件向下装入进稿器，打印面朝向用户。

步骤 02 调整文件导板使其符合文件宽度，装入最多 10 页的文件，直到自动进稿器吸住文件并将其拉入。在机器探测到文件已被装入时，显示屏显示文件就绪。

步骤 03 分别按接收模式/对比度和分辨率键，选择需要的分辨率和对比度。

（2）设置文件分辨率和对比度。

步骤 01 把文件面朝下放入进稿器。

步骤 02 根据需要按分辨率键，调整锐度和清晰度。

- Standard（标准）：对于印刷的或使用正常大小字符的原稿，标准模式能得到良好的效果。
- Fine（精细）：对于有许多细节的文件，精细模式效果较好。
- Superfine（超精细）：对于有特别精细的细节的文件，超精细模式效果较好。超精细模式仅在远程传真机也有超精细功能才能使用。
- 发送扫面到内存中的文件时（如广播和延迟传真），不能使用超精细模式。
- 如果使用内存发送文件（如广播和延迟传真），即使选择了超精细模式，超精细模式也会返回精细模式。

步骤 03 根据需要按接收模式/对比度键，调整对比度。

- Normal（正常）：对于正常手写、印刷或打印的文件，标准模式能得到良好的效果。
- Lighten（浅）：对于颜色非常深的文件，浅模式效果好。
- Darken（深）：深模式用于颜色浅的印刷文件或模糊的铅笔标记。
- Photo（照片）：传真照片或包含有彩色或灰色阴影的文件使用照片模式。选择照片模式时，分辨率自动设置为精细。
- 执行发送/复印后，分辨率/对比度自动返回默认值。

（3）手动发送传真。

步骤 01 把文件面朝下放入进稿器。

步骤 02 拿起话筒或按免提（或免提拨号）。

步骤 03 使用数字键输入远程传真机的号码。

步骤 04 听到传真音时按启动/确认键。

步骤 05 放回话筒。

（4）自动发送传真。

步骤 01 把文件面朝下放入进稿器。

步骤 02 输入单触键或速拨位置，按启动/确认键。

（5）自动重拨。

发送传真时，如果用户拨的号码占线或无应答，机器将每 3 分钟重拨一次，最多重拨两次，在重拨前，显示屏幕显示 To redial now, press Start/Enter(重拨，按启动/确认键)。如果要立即重拨此号码，按启动/确认键，或者按停止/清除键取消重拨，然后机器返回待机模式。

2．接收传真

接收传真前，应装入合适的纸张。

（1）在传真模式下接收。

要把接收设置为传真模式，反复按接收模式/对比度键，直到显示 Fax Mode（传真模式）

步骤 01 在待机模式下，显示屏右面显示 FAX 字样。

步骤 02 在接到呼叫时，机器在第二次振铃后应答，并自动接收传真。在完成接收时，机器返回待机模式。

步骤 03 如果需要改变振铃，需设置 Rings to Answer（应答振铃）选项。

（2）在电话模式下接收。

步骤 01 在电话振铃时，拿起话筒应答。

步骤 02 如果听到传真音，或对方要求接收传真，按启动/确认键。应保证未转入文件，否则文件就发送到主叫方，显示屏上会显示 TX（发送）。

步骤 03 挂起话筒。

（3）在自动模式下接收。

步骤 01 在待机模式下，显示屏右面显示 AUTO。

步骤 02 当呼叫进入时，机器应答呼叫。如果正在接收的是传真，机器进入接收模式，如果机器未探测到传真音，就继续振铃，告诉用户这是电话，用户应拿起话筒应答呼叫，否则在大约25 秒钟后，机器转换为自动接收模式。

（4）在应答模式下接收。

步骤 01 在用户接到呼叫时，机器用 TAM 问候信息应答呼叫。

步骤 02 机器录制主叫方的信息，如果探测到传真音，机器转入接收模式。

步骤 03 在播放问候信息或录制进入的信息的任何时候，用户都可拿起话筒与对方通话。如果在录制过程中内存已满，机器会发出嘟嘟警告声，并断开线路。除非删除不需要的已录制信息，否则机器不能作为应答机工作。

步骤 04 如果在录制主叫方信息时发生电源故障，机器停止录制。

步骤 05 在录制进入信息时，如果用户需要用同一线路上的另一台电话机与主叫方通话，拿起话筒，并按"#（井号）"或"*（星号）"键。

（5）通过外接电话机接收。

步骤 01 在外接电话机上应答呼叫。

步骤 02 当听到传真音时，按*9*（遥控接收起始码）键。

步骤 03 传真机开始接收时，挂起电话。

任务总结

张秘书的操作非常熟练，在数分钟内完成了很多客户传真的发送与接收，工作效率极高。在完成了传真的收发之后，还要掌握对相关办公设备的维护，同时要有计划地对公文进行整理与存放。